KB167927

MZ 아빠 요즘 육아

MZ 아빠 요즘 육아

초판인쇄 2024년 8월 20일
초판발행 2024년 8월 30일

지은이 채현배
발행인 조현수
펴낸곳 도서출판 프로방스
기획 조영재
마케팅 최문섭
편집 문영윤

본사 경기도 파주시 광인사길 68, 201-4호(문발동)
물류센터 경기도 파주시 산남동 693-1
전화 031-942-5366
팩스 031-942-5368
이메일 provence70@naver.com
등록번호 제2016-000126호
등록 2016년 06월 23일

정가 17,800원
ISBN 979-11-6480-363-7 (03590)

채현배 지음

프로방스

아빠 육아서이자 한 남자의 성장기

"육아에 적극적으로 참여하는 아빠들은 유전자부터 다른 사람이 아닐까? 알고 보면 조선시대에 살았던 그 아빠의 조상님도 시대에 맞지 않게 육아에 진심이었던 게 분명해!"

얼마 전 남편에게 내가 한 말이다. 이 말에 기분이 나쁠 만도 한데 그는 고개를 끄덕이며 긍정했다.

"맞아, 난 그런 유전자가 없는 사람이야!"

채현배 작가님과 오랫동안 함께 글을 썼다. 작가님의 꾸준함과 성실함을 보면서 그의 특별한 아빠 육아가 어디서 시작된 것인지 짐작할 수 있었다.

《MZ 아빠, 요즘 육아》에는 모든 엄마들이 바라는 아빠가 등장한다. 아이의 마음을 살뜰히 챙기고, 아이의 말과 행동을 통해 자신의 내면을 드려다 본다. 시간을 때우기 위해 스마트폰을 내미는 것 대신 그림책을 내미는 아빠라니….

이렇게 육아에 적극적으로 참여하지만 아이들이 엄마를 찾으며 눈물을 흘릴 때 아빠는 낭패감을 느끼기도 한다. 아빠는 아이들을 키우며 다양한 감정과 대면한다. 이 아빠는 유전자부터 남다른 사람일까?

저자는 "내가 아이를 키운다고 생각했지만, 아이와 내가 함께 성장했다"고 고백한다. 아이를 키우며 어렸을 적 아버지와의 갈등을 떠올린다. 그리고 곧 아버지의 마음을 이해하게 된다. 엄마와의 추억을 되새기며 지금 아이들과 함께 할 수 있음에 감사를 느낀다. 자식을 키워봐야 부모의 마음을 이해할 수 있다는 말은 진실이었다. 그는 유전자가 남다른 사람이 아니라 좋은 부모가 되기 위해 남들보다 조금 더 많이 애쓰는 아빠였다.

《MZ 아빠, 요즘 육아》는 아빠의 시선에서 바라본 육아서이지만, 한 남자의 성장기이기도 하다. 두 아이의 부모가 되어 비로소 알게 된 마음을 하나하나 마주하며 진정한 자아를 찾아가는 한 사람의 여정에 독자들은 동참할 수 있을 것이다.

또한 다양한 아빠 육아 팁도 덤으로 얻을 수 있다.

이 책을 읽고 하지 말아야 할 것이 딱 하나 있다. 그건 바로,

"절대 우리 집 아빠와 비교하지 마시길!"

《쓰다 보면 보이는 것들》 저자, 선량

보시기에 심히 좋았더라

저자는 특공부대 장교 출신이며 대학에서 경영학을 전공한 사람으로 내가 아는 가장 활동적이고 남성미가 넘치는 사람이다. 유아교육 전공자도 아닌 그가 육아에 대한 글을 쓴다기에 조금 생경했던 것이 사실이다. 그러나 책을 읽기 시작하면서 내 안에 육아에 대한 고정관념이 깨지기 시작했다. 어느 누구 못지않게 아이들을 자세히, 오랫동안 지켜 보아보면서 정리한 그의 책은 두 가지 관점에서 신선한 길로 나를 안내해 주었다.

첫째, 이 책은 육아(育兒)를 통한 육아(育我)를 다룬 책이다.

기존의 육아서적은 대체로 육아를 하면서 성공한 이야기나 성공적인 육아 방법을 이야기한다. 반면, 이 책은 육아를 하면서 겪은 실패 이야기로 가득하다. 경영을 공부한 그가 경제적 측면을 고려했다면 성공 이야기만 기술했을 것이다. 그러나 저자는 자신이 겪은 실패 이야기를 솔직하게 나누면서 한 가정의 아빠로서 더 나아가 한 어른으로서 어떻게 성장할 수 있었는지 고백한다.

교육학자이자 다섯 자녀의 아빠로서 나는 그동안 수많은 육아서적을 접해왔다. 그러나 성공적인 육아 이야기에 관한

책을 읽고 나면 나도 모르게 죄책감과 좌절감에 빠지곤 한다. 성공한 그들의 이야기에 비해 초라한 내 이야기에 대한 애통함 때문일 것이다. 반면, 이 책은 읽고 나면 용기가 생긴다. 마치 '실수해도 괜찮아, 사랑은 실패하지 않으니까'라고 토닥이며 격려하는 것 같아 새로운 힘이 솟는다.

둘째, 이 책은 부모의 주도성이 아닌 아이의 개성에 주목하는 책이다. 기존의 육아서적은 부모의 관점에서 어린 아이들을 규정하고 재단하며 특정 육아방법을 종용하는 경우가 있다. 마치 육아 만능키를 손에 넣을 수 있는 것처럼 말한다. 그러나 다섯 자녀를 키우다보니 육아서적에서 제시한 방법이

유용할 때도 있지만 그렇지 않을 때도 많다는 것을 알게 된다.

반면, 이 책은 '아이들 따르라'는 몬테소리 원리에 의해 철저하게 각 아이의 개성에 맞는 교육의 중요성을 강조한다. 따라서 이 책은 무리하게 이렇게, 저렇게 해야 한다는 해답을 제시하지 않는다. 대신 각 아이의 성향과 기질에 따라 양육하는 것이 자연스럽고 좋은 육아일 수 있다는 가능성을 열어둔다. 다른 육아서적을 읽으면 조급해지는 것과 달리 이 책을 읽으면 마음이 편하게 지는 이유가 여기에 있다.

이 책의 마지막장을 넘기며 나태주 시인의 [풀꽃] 시가 떠올랐다.

자세히 보아야 예쁘다

오래 보아야 사랑스럽다

너도 그렇다.

교육은 [나다움]을 찾아가는 순례의 길이다. 신이 창조한 원리대로 살아가는 것만큼 행복한 길은 없다. 아이가 자기다움을 찾아갈 수 있도록 관찰하고 오랫동안 기다려 줄 수 있다면 그 아이는 반드시 건강한 [나다움]을 찾을 것이다.

아이가 자기다움을 찾아갈 때 역설적으로 그 아이를 통해 어른도 [나다움]을 찾아갈 수 있을 것이다. 아이와 부모 모두 육아를 통해 [나다움]을 찾아갈 때 비로소 신이 인간을 처음 만들 때 말씀하셨던 '토브' 즉 '하나님이 보시기에 심히 좋았더라.'는 고백을 우리가 들을 수 있을 것이라 믿는다.

출산도 힘들지만 육아가 힘들어서 비혼주의가 늘어가고 있다는 안타까운 소식이 이곳저곳에서 들린다. 결혼와 출산 그리고 육아에 대한 비통한 소식이 가능한 이 시대에 신선한 관점을 지닌 육아 서적이 출간되어 반갑고, 고맙고 기쁘다. 이 책을 통해 내가 느낀 경외감을 독자들도 동일에게 느낄 수 있길 소망한다.

_ 꿈꾸는 이인희

프롤로그

아빠육아를 했습니다. 육아(기를 육(育)+아이 아(兒))를 하며 아이를 길렀다 생각했지만, 제 마음이 길러지는 시간이었습니다. 호기롭게 하루를 시작한 날에도 아이 마음에, 내 마음에 상처가 날 때도 있었습니다. 전날 아이들과 뿌듯한 하루를 보냈는데 오늘은 어제와 다른 아이들을 만난 것처럼 새로웠습니다. 때론 아이들과 보내는 시간이 숙제처럼 느껴졌습니다.

'오늘 오후에는 뭐 하면서 버티지?'

뭔가를 해보려다 그냥 버티는 날도 많았지요. 그렇게 육아에 조금씩 지쳐갈 때 오히려 아이 마음이 보이기 시작했습니다. 잘하고자 했던 내 힘이 빠졌기 때문인가봅니다. 1장에서는 아이와 함께 겪은 다양한 에피소드를 아이의 시선에서 재해석해보고, 그 순간에 알지 못했던 아이의 마음을 들여다보았습니다. 매일 똑같이 흘러가는 육아 일상(크로노스)이 아빠의 시선에서 잠시 멈추어 생각해보니 특별한 의미를 가진 시간(카이로스)으로 바뀌었습니다. 2장에서는 아이의 마음과 함께 아빠 마음을 보았습니다. 아빠도 실수할 때가 있고, 때론 아이 마음이 아빠보다 클 때가 있음을 알게 됩니다. 3장에서는 아빠육아 Tip을 담았습니다. 조절이 필요한 순간, 무조건 "안돼!"가 아니라 아빠가 줄 수 있는 경계선과 활용할만한 방법들을 적었습니다. 4장에서는 그림책으로 알게된 마음을 담았습니다. 아이들 덕분에 그림책을 접했고, 책을 읽어주다 되려 위로와 공감을 얻을 때가 있었습니다. 그림과 여백 사이에서 만나는 여러 마음을 담았고, 그림책이 아이마음과 내 마음을 이해하는 도구가 될 수 있었습니다. 결국은 '마음'이었습니다.

아이의 마음과 그걸 이해하는 아빠의 마음. 5장에서는 아빠의 마음을 이루는 것들 나와의 만남, 누군가와의 만남에 대해 자전적으로 담았습니다. 6장에서는 아빠의 마음보다 더 큰 어떤 마음에 주목했습니다. 성경 속에서 만난 커다란 마음을 담았습니다. 6장에서는 아빠의 마음보다 더 큰 어떤 마음에 주목했습니다. 더 커다란 존재 안에서의 나를 보려했습니다.

'위로'는 헬라어로 '파라칼레오'라고 합니다. 파라(곁)와 칼레오(말하다, 내어주다)가 합쳐진 단어입니다. 누군가를 위로한다는 건 잠시 자기의 곁을 내어주는 일인가봅니다. 저의 몇 마디가 글을 읽는 독자분들에게 '곁'이 되는 순간이기를 소망해봅니다.

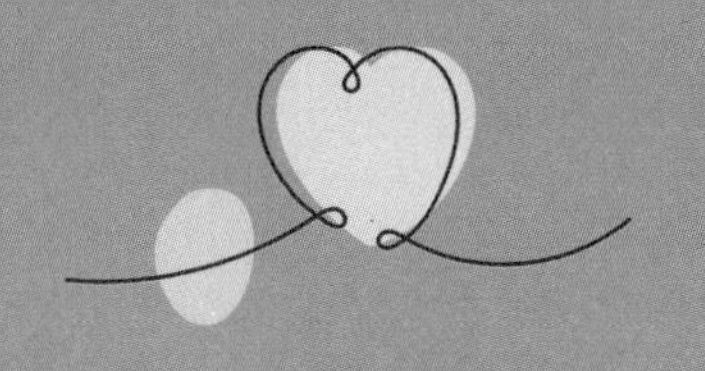

차　례

제1장 아이 마음 번역하기

제2장 알게 된 아빠 마음

제3장 알게 된 육아 팁들

제4장 그림책으로 알게 된 마음

제5장 자라는 아빠 마음(나를 이룬 것들 기억하기)

제6장 아빠보다 더 큰 마음(나중에 들려줄 이야기)

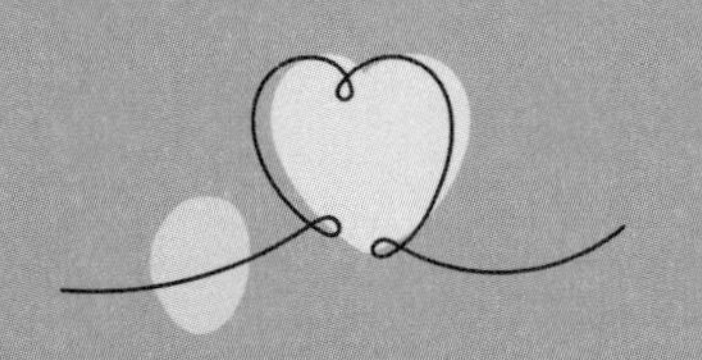

제1장

아이 마음 번역하기

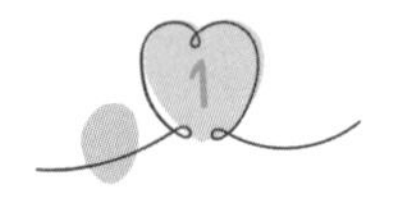

실수

(응가가 나와버렸어)

하성이가 네살 때였다. 그때 아이는 스스로 응가를 곧잘 했다. 가끔은 하던 놀이가 너무 재미있어서 소변을 참다가 실수하기도 했지만, 응가는 변기에 앉아서 곧잘 했다. 비슷한 또래 아이를 키우는 부모들과 자기 아이는 언제 대·소변을 가렸는지가 대화의 소재가 되었던 게 이때쯤이었다.

언젠가부터 하성이가 바지에 실수를 부쩍 많이 했다. 처음 몇 번의 실수야 나름의 이유를 생각해 내며 아이를 이해하려고 노력했다.

'놀 때 쉬를 참는 것처럼 응가도 참다가 그만 해버린 거겠지.'

'있던 자리에서 화장실까지가 너무 멀어서 가는 도중에 실수한 거겠지.'

나는 그때까지만 해도 응가 실수를 하고서 엉거주춤하게 서 있는 하성이 모습이 귀여웠다. 아이는 자기도 부끄러운지 괜히 아빠를 쳐다보며 어색한 미소를 지었다. 엉덩이를 씻기는 내 입가에도 번졌다. 그런데 점차 응가 실수가 잦아졌고, 공감하려는 내 생각은 판단의 시선으로 바뀌었다.

'왜 변기에 앉아서 안하지? 내가 그렇게 여러 번 알려줬는데도 말이야.'

'응가가 마려운 느낌이 나면 기다릴 게 아니라 바로 가서 변기에 앉아야지.'

'조금씩 응가를 하는 게 아니고 한번 변기에 앉았을 때 다 눠야지. 하 참'

어느새 나는 하성이의 실수를 짚어주고, 다음엔 어떻게 행동해야 하는지 가르치고 싶어졌다 그 가르침에는 하성이가 더 나은 사람이 되길 바라는 마음도 있었고, 귀찮은 일을 또 하고 싶지 않은 게 더 컸다. 다행스러운 건, 속으로 몇 번이고 되뇌었던 '가르치는 말'이 아직 입 밖으로 나오지는 않았다. 아이는 세면대에 엉덩이를 맡긴 채 한마디 외쳤고, 그 말이 내 입을 막아주었다.

"아빠! 괜찮아~해봐. 괜찮다고 말해봐!"

자기가 어떤 실수를 했을 적에 아빠가 해주었던 "괜찮다"는 말, 그 말이 좋았나 보다. 마음에 잘 담아두고는 그걸 이렇게 전략적으로 사용하다니. 아이에게 그때는 그때고 지금은 또 다르다고 말할 수 없는 노릇이었다. 사실 복잡한 내 시선 속에는 두 가지 감정이 뒤섞여 있었다. 유아기 배변 퇴행에 대한 염려가 일부였고, 대부분은 뒤처리를 감당하는 내 수고로움이 싫었다. 응가가 이미 나와버린 상태에서 바지하고 팬티를 벗기다가 바지에 있던 응가가 온 다리에 묻으면, 세면대에서 간단한 세척으로 처리할 문제가 샤워기를 가져와야 하는 상황으로 커져 버렸다. 또, 응가가 잔뜩 묻은 바지는 몇 번 문지른다고 때가 빠지는 게 아니라 더 어려웠다. 겉으로는 다음에 잘해보자며 담담하게 말했다. 말과 달리 내 시선은 오로지 응가와 응가가 묻은 바지에 향해있었다. 약간 찌푸리며 어떻게 하면 다음에 같은 실수를 하지 않을지에만 신경 쓰면서. 하루나 이틀이 지났을까, 나는 또 응가 실수를 한 아이를 향해 한숨을 쉬었다. 실망의 한숨, 짜증과 절망의 한숨이었다. 아이는 응가 실수가 부끄럽다는 걸 자기도 아는지 멋쩍게 웃고 있었다. 내 한숨이 아이를 더 부끄럽게 만들었다. 아이는 여전히 엉거주춤한 채로 내게 안겨서는 이런 말을 뱉었다.

"아빠! 누나하고 엄마한테 말하지마."

나는 순간 멈칫했다.

'그래. 하성아. 실수해서 너도 부끄럽구나. 조그맣지만 어엿한 사회를 이루고 있는 누나하고 엄마에게 말하고 싶지 않구나.'

나는 더 참지 못하고 깊은 한숨으로 아들의 '응가실수'를 '응가잘못'으로 만들어버려 너무나 미안했다. 최대한 조용히 도와주고 있는데, 하성이 말이 다시 생각났다.

"아빠~ 바지에 응가가 나와버렸어."

'그랬구나. 하성아. 네가 바지에 응가를 한 게 아니고, 응가가 나와버렸구나.'

'응가가 나올 것만 같은데, 아직은 익숙하지 않아서 너도 모르는 사이에 나와버렸구나.'

자기가 속해있는 조그만 사회, 가족공동체에서 부끄러운 걸 감추고 싶은 아이의 마음이 느껴졌다. 당황스러운 마음도 함께. 나는 응가 묻은 엉덩이를 닦아주던 화장실 장면을 다시 떠올렸다. 하성이의 시선은 응가를 바라보는 내 표정과 응가

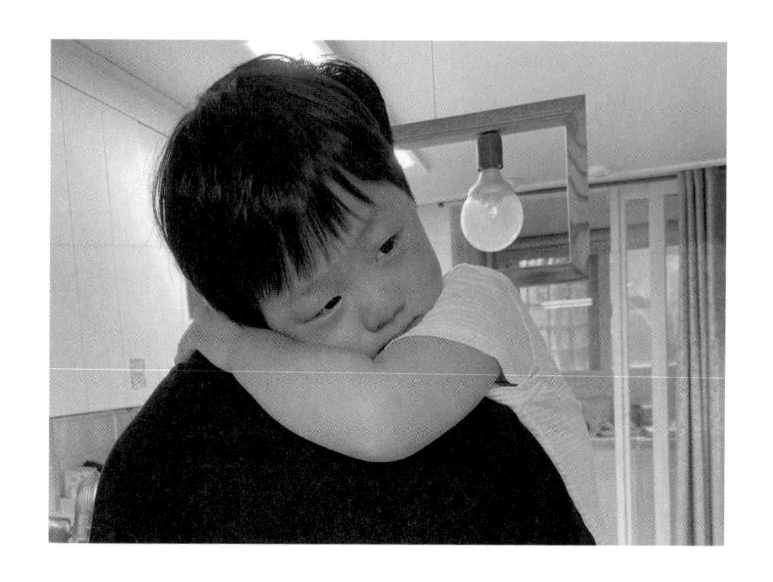

를 닦아주는 내 손길, 빨래하는 내 몸짓에 다 닿고 있었겠지. 처음 실수했을 때 다정하게 건넸던 아빠의 말과 용납해 주었던 표정, 닦아줄 때의 부드러운 손길은 모두 하성이에게 '괜찮다'는 말이었다. 계속되는 실수에 다음엔 잘해보자며 겉으론 덤덤하게 말했어도, 이미 내 손길과 눈길로는 아이 잘못을 질책하고 있었다. 아이 앞에서 내뱉어 버린 한숨, 그건 아이도 아빠도 똑같이 실수하는 사람이라는 걸 알게 해주었다. 하성이가 변기에 앉아서 응가를 해야 하는 걸 잘 아는 데도 자기도 모르게 실수한 것처럼, 나는 어떻게 반응하는 것이 올바른지 알면서도 실수했다. 그때 이후로도 아이는 배변의 어려움을 겪었고, 그때마다 나에게 도움을 요청했다. 하성이의 요청은, 아빠가 지난 실수를 잊고 다시 반응할 수 있게 하는 기회였다. 오히려 고마웠다. 응가가 또 나와버려 도움을 요청한 하성이에게 아빠의 말과 표정, 부드러운 손길로 "괜찮다"고 말해 주기로 했다. 누나와 엄마에게 비밀로 하는 것도 잊지 않고.

벚꽃을 담다

(아이는 과잉 애착일까?)

아이들은 자라면서 '불균형기'와 '안정기'를 겪는다고 한다. '안정기'는 말 그대로 아이의 몸과 마음이 편안한 시기다. 감정의 기복이 크지 않아 부모의 입가엔 미소가 자주 번진다. 양육자가 조건적인 사랑을 해서는 안 되지만 이 시기의 아이들이 더 이쁜 건 어쩔 수 없다. 문제는 '불균형기'인데, 자기주장(고집)이 세지고 감정의 기복이 커지며 자기 뜻대로 되지 않을 때가 많다. 이로 인해 부모와의 마찰이 자주 생긴다. 특별히, 여섯살 불균형기는 몸이 갑자기 커지면서 보고 듣는 것이 많아지고, 새로운 감정, 생각, 정보를 폭발적으로 흡수하게 되는데, 마음의 그릇이 아직 그걸 받아주지 못하는 상태다. 잘만 지내던 아이가 갑자기 이유 모를 짜증을 내거나, 하던 일이 뜻대로 되지 않아 과하게 속상해하고, 자기 실수를 받아들이지 못하는 모습을 보이면 불균형 시기가 왔다는 것을 직감할 수 있다. 아이도 힘들고 엄마 아빠도 지치는 이 시기를 잘만 버티면 모두에게 '성장'이라는 보상이 주어진다. 아이는 감정의 그릇이 커지는 상, 부모에게는 아이를 담을만한 마음의 그릇이 커지는 상이다.

나는 늘 레이더를 세워놓고 아이가 보내오는 반응을 살핀다. 아빠가 양육자로서 마음 준비를 단단히 하지 않으면 아이의 반응(짜증, 울음, 인상 쓰기)에 같이 짜증 나기 십상이다. 짜증 소용돌이에 휘말리게 되면, 아이는 아직 해결되지 않은 기분 때문에 힘들고, 나는 아이를 제대로 돕지 못했다는 자책감에 사로잡혀 버린다. 내 레이더망에 아이의 감정이 약간 이상하다는 신호(미간에 주름 만들기, 눈 흘기기, 아니이! 아니이!를 반복하기)가 감지되면 바로 대응책을 구축한다. 그것은 아이가 있던 자리 주변에서 관심을 돌릴만한 것을 미끼로 던지는 것이다.

"오! 하임아, 저기 봐, 구름 모양이 특이해!"

"하임아! 저기 누구 지나간다!"

그 순간에 감사하게도 하임이가 좋아하는 게(분홍색 물건, 공주 치마, 예쁜 머리삔 등) 주변에 있으면 적절한 대응을 할 수 있다. 힘든 감정이 아이 마음에 한껏 올라왔다가 금방 사그라드는 것처럼 보인다. 그렇다고 늘 대응책이 성공하는 건 아니다. 아이에게 어떤 말도 들리지 않고, 지금 아이가 겪고 있는 이 감정 해결되지 않으면 무슨 일이라도 날 것만 같은 때가 있다. 감정의 폭풍. 아이는 본능적으로 자기를 구해줄 사람, 불안한 자기 마음을 받아줄 사람을 찾는다. 그 존재는 바로 '엄마'다. 아이는 불균형 시기에 엄마와의 분리를 특히 힘들어한다. 감정 폭풍이 엄마 출근 시간과 아이 등원 시간이 겹친 분주한 아침에 찾아오면 낭패다. 아이는 엄마를 붙잡고 울음을 터뜨린다. 내 대응책은 이미 힘을 다했고, 갖가지 달래주는 말('엄마는 곧 만나.' 등)을 해보지만 아무 효력이 없다. 행여 아빠가 힘으로 진압을 시도하면 더 큰 혼란을 초래할 수 있다. 엄마는 배운 대로(?) 아이의 마음이 진정될 때까지 기다려주려고 한다. 폭풍처럼 올라온 아이의 감정은 쉽게 가라앉지 않는다. 아까운 시간만 점점 흐를 뿐이다. 엄마는 정해진 일과가 주는 압박감 때문에 점점 아이를 온전히 수용하기 힘들어한다. 이런 출근길상황이 여러번 있었다. 하임이는 유치원을 다니기 전까지 엄마와의 시간을 많이 보낸 편이었다. 우리는 엄마와 보내왔던 시간이 아이에게 안정적 애착을 만들어 주었다고 믿고 있었다. 따사로운 봄날, 아이가 겪고 있던 불균형기. 그때 아이가 보였던 격한 반응은 엄마와의 시간이 아이를 과잉 애착으로 만든 건 아닌지 염려하게 만들었다. '우리 아이가 또래보다 예민한가...?' 아이는 유치원 등·하원할 때 엄마하고 떨어지는 걸 유독 힘들어했다. 새 학기, 새로운 반, 처음 만난 선생님이 주는 어색함이 아이의 불안을 더 커지게 만들었나 보다. 그날도 아이는 집에서 나서면서부터 울먹이기 시작했다. 오후출근인 엄마 대신 아빠하고 등원했다. 아이는 유치원 현관 앞에서 아예 들어가지를 못했다. 울먹이는 아이 옆에서 씩씩한 아이들이 원장선생님과 아침인사를 하면서 유유히 들어갔다. 불균형기의 아이는 감각도 민감해지는지 울먹이는 와중에도 여러 변화들을 놓치지 않고선 나에게 물었다.

"아빠, 그으런데... 종일반 선생님 원래 안경을 썼는데 왜 오늘은 안 쓴 거야...?"

"그러게, 나중에 선생님에게 물어보자. 그리고 이제 들어가자."

"으아아아아앙!"

기다려준다고 해결될 게 아니고, 이럴 땐 냉정한 마음으로 아이를 떼어놓고 들여보내야 아이에게 오히려 도움을 준다.

문제는 하원이었다. 하임이는 엄마와 하원하겠다고 떼를 썼다. 가까이에 있던 엄마는 잠깐이면 될 것 같아 아이를 안아주러 왔다. 아이는 엄마를 보자마자 바지가랑이를 부여잡고 울음이 터졌다. 엄마는 다시 일하러 가야만 했다. 아이를 달래기 위해 미소 선물을 해주고, 여러 따뜻한 말로 아이 마음을 달랬다. 아이는 절대 떨어지지 않을 것처럼 울었다. 봄이 주는 따스한 햇살도, 햇살이 만든 벚꽃나무, 봄이 주는 어떤 선물도 아이의 관심을 끌지 못했다. 아이는 엄마가 다시 일하러 가야 하는 걸 알고 있었다. 계속 운다고 엄마가 자기와 있어 주지 않는다는 걸 잘 알았다. 엄마는 아이를 억지로 떼어냈다. 아이는 울먹이며 유치원 앞 산책길을 혼자 걸었다. 그제서야 민감한 아이의 눈에 흐드러지게 핀 벚꽃나무와 꽃잎이 들어왔다. 아이는 손에 들고 있던 조그마한 카메라로 벚꽃 사진을 하나, 둘 찍었다. 마치 울적한 자기 마음을 벚꽃으로 채우려고 하는 것만 같았다. 나는 아이가 벚꽃과 함께 시간을 보내도록 멀찍이서 기다렸다. 벚꽃이 아이와 함께 있어주어 참 다행이었다.

나는 울음 속에 녹아있던 아이의 마음을 생각했다. 어쩌면 자기도 감당할 수 없는 그 감정에서 자신을 구해달라는 호

소가 아니었을까. 생전 처음 느껴보는 커다란 감정 덩어리가 아이의 마음에 찾아왔던 것이다. 아이의 외침이 이렇게 다시 들렸다.

"아빠! 이상한 감정이 나한테 왔어! 근데 어떻게 해야 할지 몰라. 자꾸 눈물이 나."

짜증과 울음은 살려달라는 아이의 호소가 아니었을까. 나는 아침마다 겪는 등원 실랑이가 하루 이틀이 아니라 지칠 때가 있었다. 씩씩하게 등원하는 친구들을 부러운 눈길로 바라봤다. 그러다 점점 아이의 내면을 이해하려다 보니 감각적으로 예민한 아이의 등원이 오래 걸리는 건 어쩌면 당연하다는 걸 알게 되었다. 아이가 보고, 듣고, 느끼는 데서 입력된 정보가 아직 소화되지 않은 채로 내면에 남았다. 아이는 다양한 정보를 해석한 뒤에 행동을 하기까지 시간이 필요한 것이다. 아이는 눈을 뜨면서부터 정보를 흡수한다. 컴컴한 밤 동안 엄마하고 한 침대에 있다가 맞이한 아침, 어제와는 다른 날씨, 종일반 선생님이 안경을 쓰다가 안 쓴 그날 이유 모두 아이가 흡수한 정보다. 아이는 자기가 맞이한 찬란한 일상을 천천히 씹어서 소화해 가는 중이다. 하임이에게 가장 필요한 것은 아빠의 기다림이다. 기다려주면 아이 눈에 벚꽃이 담기는 순간이 반드시 오기 때문이다. 언제까지나 울음 속에 담긴 아이의 호소를 알아채기를.

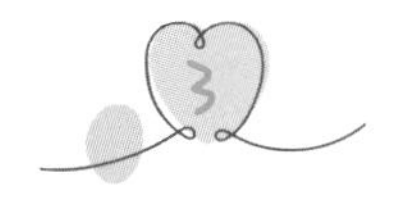

건들지 마

(여러 욕구들)

“하임이 꺼야! 하지 마!”

이 말이 멀리서 들렸다. 하임이의 SOS. 아이는 자기 물건에 손대려는 동생을 제지하기 위해 큰 소리로 외쳤다. 동생은 서러워했다. 하임이는 자기가 옳은 일을 했다는 얼굴로 나를 본다. 집에서 놀다 보면 동생은 당연하게도 누나가 집중해서 하고 있는 활동(그림 그리기, 종이 자르기, 색연필로 색칠하기)에 관심이 쏠렸다. 문제는 하임이가 지나칠 정도로 누가 자기 물건에 손대는 걸 싫어한다는 것이었다. 동생만이 아니라, 아빠, 엄마가 만지는 것도 좋아하지 않았다. 그래서인지 하임이는 누가 집에 놀러 오는 걸 꺼렸다. 나는 아이가 지나치게 불편해하는 건 아닌가 괜한 걱정이 앞선다. 한편으론 아이가 자기 물건을 소중하게 아껴 쓰는 모습이기도 했다. 나는 우려하는 마음에 이렇게 말해주곤 했다. 물건보다 상대를 존중하는 마음을 알려주고 싶었다.

"하임아. 하성이가 물어보지 않고 만져서 속상했어? 다음에는 이렇게 말해볼까?

하성아. 조금 기다려줄래?"

하성이와 이런 일이 한두 번이 아니었다. 그때마다 아이는 아빠에게서 비슷한 말을 들어왔다. 하임이는 곧잘 내 말뜻을 이해하고 수긍했다. 어쩔 땐 이내 자기가 할 수 있는 만큼의 배려로 물건을 빌려주거나 만지게 해줬다. 그 시기 아이는 집에서 동생하고 함께하는 시간이 많았고, 집착과 배려 사이에서 갈등하는 모습이 자주 보였다. 엄마는 조금은 다른 시각에서 타일러주면 좋을 것 같아 이렇게 말하기도 했다.

"하임아. 하임이가 스스로 물건을 소중하게 생각하는 건 정말 특별한 마음인데, 물건보다 더 소중한 건 사람이야. 하임이 주변에 있는 사람이 제일 소중한 거야. 알겠지?"

아이는 엄마 말도 이해했다는 듯 고개를 끄덕였다. 하임이는 하성이와 달리 간식을 주면 곧바로 먹지 않고 자기 보관함에 차곡차곡 모아놓고는 나중에 꺼내먹는다. 엄마 아빠가 주는 크고 작은 선물, 다른 사람이 준 소중한 물건 어느 것 하나 빼놓지 않고 자기 보관함에 쌓아놓는다. 미술 놀이하면서 색종이로 만든 자기만의 작품도 모두 모은다. 유아기 시절 지나치게 자기 물건에 대한 집착이 심한 시기가 있다고 한다. 그 시기가 잘 지나면 또 어느새 여유로워진다는데, 하임이는 그 특정한 기가 지나가지 않고 계속된다. 단순한 집착이나 배려하지 않는 것과는 결이 다른 마음이 있지 않을까. 지난 주말 교회에서 아이의 마음을 좀 더 선명하게 이해할 수 있었던 일이 있었다. 우리는 예배를 마치고 교회 옆에 딸린 작은 도서관에서 마음껏 그림책을 보곤 했다. 그날은 도서관에 우리 말고도 하영이라는 아이도 있었다. 하영이는 초등학생 언니로 우리 가족과 친하게 지내는 다른 가정의 딸이었다. 늘 친하게 지내다 보니 나하고도 허물없이 장난치고 놀았다. 책을 보던 하영이가 내 어깨 위로 무등을 탔다. 하임이는 그 모습을 보더니 자기도 질세라 바로 내 어깨에 무등을 탔고, 두팔로 내 목을 꼭 잡고 가만히 있었다. 언니가 아빠 어깨에 무등 타는 게 재밌어 보여 자기도 해보려는 그런 게 아니었다. 내 목을 꼭 잡고 있는 하임이 양팔에서 마치 아빠를 다른 사람에게 뺏기고 싶지 않다는 마음이 고스란히 느껴졌다. 그날 나는 집으로 가는 차 안에서 도서관에서의 일을 곰곰이 생각했다. 아동복지학에서는 이 시기 아동들에게 식욕, 수면, 휴식, 배설 등과 같은 인간본능의 생리적인 욕구가 있다고 한다. 양육자의 주된 역할은 아동이 가진 욕구를 충분히 이해하고 이를 충족해 주기 위한 환경적 요소들에 대해 생각하는 것이다. 하임이는 다양한 욕구 중 소유욕이 특별히 강한 사람으로 태어난 아이가 아닐까. 아이가 만일 식욕이 왕성했다면 음식에 대한 집착이 있었을 테고, 성취욕이 강했다면 다른 사람들보다 먼저 해내고 싶어서 물불 안 가리는 모습으로 욕구를 채웠을 것이다. 하임이가 가진 특별한 소유욕은 아이로 하여금 물건에 애착을 가진 아이로 만들었다. 하임이 덕분에 내 어린 시절도 떠올랐다. 친구들 사이에서 딱지가 유행할 때면 내 딱지 보관함에는 손때가 묻어 닳고 닳은 딱지들이 수두룩했다. 딱지를 많이 가지고 있는 아이는, 친구들 사이에서 단연 인기있었다. BB탄 총놀이를 한창 하게 되면 책상 마지막 서랍에는 몇 자루의 총이 들어있었다. 총을 소유하고 있다는 것만으로 괜히 기분이 좋아지고, 뿌듯했다.

나는 비로소 그간의 하임이 행동 속에 있던 아이마음을

이해했다. 아이는 자기 손에 주어진 물건이 언제라도 꺼내볼 수 있는 공간(보관함, 화장대)에 있어야 마음이 편했다. 때로 물건을 나누어주거나 함께 써야 하는 상황이 닥치면, 아이는 엄마 아빠에게 배운 '배려'를 떠올리다가도, 자기 물건 지키는 걸 택했다. 아이는 그래야 마음이 편했다. 하임이는 자기 물건을 나누어주기 어려워하고, 나만 사용하고자 하는 이기적인 마음을 가진 아이가 아니라, 손때 묻은 나만의 물건이 '내 공간'에 있어야 마음이 편안한 아이였다. 또 이런 일이 생겼을 때, 다른 사람을 배려하도록 아이 행동을 고치기보다 먼저 아이가 왜 그렇게 했는지 마음을 이해하기로 했다. 이 말도 덧붙이면서.

'하임아! 사람은 이 세상에 태어날 때 여러 가지 마음을 가지고 태어난데. 먹고 싶은 마음, 자고 싶은 마음 그런 것들. 근데 하임이는 특별히 무언가를 가지고 있고 싶은 마음을 더 많이 가지고 태어난 거야. 그걸 소유욕이라고 해.'

그로부터 며칠 뒤 아이와 동생의 그림 같은 대화가 또 멀찍이서 들렸다.

하임: "하성이가 주는 선물은 다 좋아. 하성이도 누나가 주는 선물 다 좋아?"

동생: "응."

하임: “하성이가 소리 질러도 누나는 하성이를 사랑해.”

동생: “누나가 소리 질러도 하성이는 누나를 사랑해.”

하임: “누나는 언제나 하성이를 사랑해.”

동생: “하성이도.”

내 염려와는 달리 아이들은 자기만의 속도로 자라고 있었다.

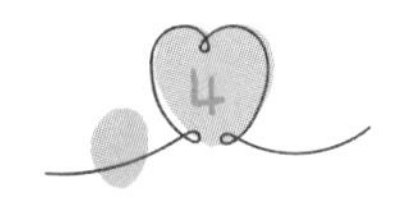

아이 마음 번역하기

소윤이는 유치원에서 만난 하임이의 단짝 친구다. 생일이 빠른 하임이는 월반을 해서 3월 중순에 7세 반으로 올라갔다. 그즈음 다른 친구들은 이미 교실에서의 규칙과 일과에 적응을 마친 상태였고, 삼삼오오 마음이 맞는 친구들도 있었다. 그와 달리 아이는 모든 게 낯설었다. 그때 소윤이가 먼저 편안하게 다가와주었다. 하임이도 손 내밀어 준 소윤이에게 마음을 열었다. 어느 날에는 소윤이에게 줄 거라며 색종이로 만든 보석함을 유치원 가방에 챙겨 가는가 하면, 또 언제는 소윤이에게 받은 거라며 편지 선물을 고이 넣어 왔다. 얼마나

아끼는지 편지를 받고 며칠이 지나도 열어보지 않은 채 보관함에 두었다.

그런데 어느 날부터 하임이는 유치원에서의 하루를 말하며 소윤이 이야기를 하지 않았다. 하임이는 그날 교실에서 선생님에게 배운 거, 친구가 재미난 말을 했던 거, 궁금했던 일 모두 모아두었다가 저녁에 말해주곤 했다. 하임이 이야기 속에 등장할 법한 소윤이가 며칠째 자취를 감췄다. 엄마가 먼저 소윤이에 관해 물어봐도 아이는 이렇게만 답을 했다.

"하임이 이제 소윤이가 안 좋아졌어."

"아. 그래 하임아? 혹시, 어떤 일이 있었는지 엄마에게 알려줄래?"

"그건 나도 잘 모르겠어. 근데 그냥 소윤이가 안 좋아. 하임이도 어떤 마음인지 모르겠어."

우리는 하임이의 뭔가 어정쩡한 대답을 듣고는 아이가 아직 말할 준비가 되지 않아서 그런 거라고 생각했다. 그러다가도 혹시 유치원에서 불편한 일이 있었던 건 아닌지, 아빠와 엄마가 해결해 줄 일이 생긴 건 아닌지 걱정이 되어 다시 물어봐도 들려오는 대답은 역시나 비슷했다. 며칠 뒤, 나는 아이에게 찾아온 이 새로운 감정이 어떤 건지 알고 싶은 마음에 한번 더 소윤이 이야기를 꺼냈다.

"하임아! 혹시, 그냥 소윤이가 불편해진 게 아니야? 그냥 아무 이유 없이 그냥!"

"오! 맞아 아빠. 그게 맞는 것 같아!"

어른도 그럴 때가 있다. 그냥 아무 이유 없이 친구에게서 마음이 멀어지기도 하고, 특별한 일 없이 소원해지기도 하는 그런 일. 나는 하임이에게 자기도 알 수 없는 그런 일이 일어난 거라고 매듭을 지었다. 그러다 하임이와 소윤이의 알 수 없는 마음의 매듭이 풀리게 된 건 담임 선생님의 세심한 눈썰미 덕분이었다. 두 아이를 불편하게 만들었던 그 일은 강당 놀이를 할 때 일어났다. 담임선생님의 말로는 소윤이도 하임이도 주도하고자 하는 마음이 강한 아이들이라고 했다. 강당 주방놀이 교구 앞에서 역할 놀이를 할 때, 소윤이가 먼저 주도적으로 역할을 정해주고 규칙을 알려주기도 했나 보다. 동시에 소윤이는 다른 친구들이 잘 따라오도록 배려했는데 순간 하임이의 뭔가 불편한 기색이 선생님의 눈에 띄었다. 그 이후로 담임선생님은 아이들의 놀이과정을 눈여겨봤지만 특별한 소요가 일어나지 않아 그냥 지나쳤다고 한다. 며칠 뒤 선생님은 아무래도 하임이가 그때 그 놀이에서 소윤이에게 불편한 마음이 생긴 것 아닌지 따로 하임이를 불러 조용히 물었다.

"하임아. 선생님이 궁금한 게 있는데 말해줄래요?"

"네."

"하임이가 소윤이에게 불편한 마음이 있는데, 그게 혹시 예전에 강당놀이를 할 때 하이미도 스스로 하고 싶은 역할이 있는데 소윤이가 먼저 정해주니까 불편했던 거예요?"

"오! 맞아요! 그게 하임이 마음이었어요!"

"그랬구나. 이제 그럼 소윤이하고 같이 해결해 볼까요?"

담임선생님은 소윤이와 하임이를 함께 불러 서로의 마음을 말하게 했다. 유치원에서는 갈등이 생겼을 때, 당사자 아이들끼리 '평화의 장미'라고 불리는 약속된 언어표현을 한다. 평화의 장미라 불리는 장미꽃을 가져와 꽃을 든 사람만 말할 수 있는 게 규칙이다.

"세인아, 네가 그때 강당놀이에서 내가 하고 싶은 역할이 있는데 네 맘대로 정해서 속상했어."

"내가 맘대로 정해서 미안해. 용서해 줄래?"

"용서해 줄게."

"용서해 줘서 고마워."

"나의 기쁨이야."

"평화를 선언합니다."

– 몬테소리 갈등 해결법 '평화의 장미'

소윤이도 하임이와 좋게만 지내다가 영문도 모른 채 멀어지게 되어 속상했을 수 있는데 다행히 선생님의 세심한 도움으로 관계가 살아났다. 그로부터 며칠 뒤 잠자리 준비를 하던 하임이가 이렇게 말했다.

"하임이 오늘 일찍 자야 해! 내일 소윤이하고 같이 점심 먹어야 하거든."

원서를 우리말로 번역할 때, 원문이 가지고 있는 느낌과 정서가 번역 하는 과정에서 어느 정도 소실되는 건 어쩔 수가 없다고 한다. 그러니 번역가는 원문이 가지고 있는 의미를 최대한 살리기 위해서 작가의 입장이 되어보기도 하고, 또 때로는 그 의도를 파악하기 위해 작가에게 질문을 던져보고 답을 찾는 부단한 과정을 겪는다. 작가와 원문 그리고 번역본 그 사이 어딘가의 여백을 메꾸기 위한 번역가의 노력이다. 뭔가 불편한 마음이 있지만 잘 모르겠다는 아이의 원문을 해석하기 위해서 선생님은 하임이의 입장이 되어보기도 하고, 소윤이의 마음을 헤아려 보기도 했을 것이다. 또 아이들의 마음에 여러 질문들을 던졌을 수도 있다. 그렇게 하임이와 소윤이 마음 사이 어딘가에 있을 실마리를 찾아서 골똘히 고민했을 선생님의 마음이 참 고마웠다. 나도 선생님의 마음을 닮기로 했다. 하임이가 앞으로 마주하게 될 수많은 감정과 낯선 마음에 대해 그냥 지나치지 않고, 아이의 마음을 올바로 읽어내는 세심한 번역가가 되기로 했다.

누구나 실수는 어렵다

(우당탕탕 성장하는 아들 그리고 아빠)

우리는 오래간만에 장난감 도서관에 갔다. 장난감 도서관은 시에서 운영하는 곳으로, 관할 주민에게 2주 동안 원하는 장난감을 빌려준다. 아이들은 장난감 가게에 가는 것만큼이나 그곳을 좋아한다. 연령에 따른 다양한 장난감들이 있고, 평소에 가지고 놀지 못하던 걸 해볼 수 있기 때문이다. 장난감 도서관에는 가끔 새로운 장난감이 입고되는데 시기를 잘 맞추면 손때 묻지 않은 새 장난감을 경험해 볼 수 있다. 이번에 하성이가 빌린 장난감이 바로 새것이었다. 마켓놀이 장난감. 누나와 역할을 바꾸어가며 물건을 파는 가게 사장님이 되었다가, 이리저리 물건을 고르는 손님도 할 수 있었다. 조그만 계산기와 작은 카트 그리고 식재료들이 부속품이었다. 아이들이 장난감을 빌린 2주는 나에게 긴장감이 배가되는 기간이다. 장난감의 부속품을 잃어버리지 않아야 하고, 행여라도 어딘가 부러져서 변상해야 한다면 그만큼 아까운 것도 없기 때문이다.

늘 그렇듯 아이들은 집에 오자마자 손만 간단히 씻은 채 새로 빌린 장난감에 몰입했다. 아이들이 장난감에 빠져있는 동안, 나는 집안 곳곳을 정리했다. 그릇을 정리하고 있는데 뭔가 "퍽!" 하는 불길한 소리가 났다. 그리곤 멀찍이서 당황한 기색이 역력한 목소리가 들렸다. 나는 장난감에 문제가 생긴 것만은 아니기를 간절히 빌며 무슨 일인지 살폈다.

"무슨 일이야~?"

"아빠! 하성이가 이거 부러뜨렸어!"

불길한 예감은 늘 빗나가지 않는다. 어찌 된 영문인지 하성이가 마켓놀이 카트를 발로 밟아서 바퀴 이음새 부분이 망가지고 말았다. 이런! 아이가 가지고 놀기에도 작디작은 카트는 하성이의 발이 닿는 순간 '톡' 부러졌다. 마트에서 아빠가 카트 위에 발을 얹는 걸 보고 그대로 따라 했던 것일까. 하성이 눈이 동그래진 걸 보니 자기도 퍽이나 놀랐나 보다. 예상치 못한 일이 일어났을 때 양육자의 첫 반응은 참 중요하다고 했다. 놀란 마음이나 감정을 먼저 공감해 주는 게 필요하다고 했다. 그런데 이론과 현실은 늘 달랐다.

'이를 어쩌지. 이건 우리 실수라서 변상해 주어야 할 텐데. 아.. 이런 데 돈 쓰는 게 제일 싫은데. 하아...'

'아오! 하성이도 놀라서 아빠에게 도움을 요청한 건데, 표정 관리가 안 되네.'

'내가 어떻게 반응하는지 하임이도 옆에서 지켜보고 있는데, 이럴 때 어떻게 반응해야 할까?'

'아. 짜증나.'

너그러운 첫 반응은 물 건너갔고, 순간 여러 가지 생각이 스쳤다. "괜찮아!"라는 위로의 말과 "네가 한 실수는 이렇게 책임지는 거야!"라는 훈육의 말 사이에서 고민했다. 이번엔 실수에 대해 정확하게 짚어주어야 한다는 마음이 더 커졌다. 나는 다소 진지한 표정으로 하성이에게 되물었다.

"하성아~ 이거 카트 부러져서 어떻게 하지? 방법이 있을까? 아이고."

하성이는 아빠가 이제 해결하겠거니 생각했는지, 부러진 카트를 뒤로한 채 다른 장난감을 가지고 놀고 있었다. 그러다 평소와는 다른 분위기를 풍기는 아빠의 질문을 듣고, 아이도 골똘히 생각했다. 하성이는 아빠의 눈빛과 태도에 조금은 놀란 눈치로 자기가 생각한 최선의 방법을 제시했다.

"그거, 테이프로 붙이면 돼! 그러면 되잖아!"

나는 예전 같았으면 이 정도로 해서 부러진 카트의 국면을 마무리했을 텐데, 이 상황을 조금 더 이어갔다. 나는 부러진 부분을 계속 만지작거렸고, 이렇게 장난감을 함부로 사용하면 다음번에 못 빌릴지도 모른다며 괜히 겁을 주기도 했다. 긴장된 상황을 모면하고 싶었던 하성이는 어딘가 멋쩍어 보이는 행동을 했다. 하성이의 어색한 미소는 이쯤에서 상황을 마무리 짓도록 도와주었다. 드디어 내 입에서 이 말이 나왔다.

"괜찮아. 하성아."

아이는 언제 그랬냐는 듯, 실수를 잊고 또 자기만의 시간을 시작했다. 아빠의 괜찮다는 말이 아이에게 안도감을 주었나 보다. 잠깐이었지만, 하성이는 아빠 뒤에 숨지 않고 자기가 저지른 실수의 무게를 느껴봤을 것 같다. 부러진 카트의 날 이후로 아이가 저지르는 실수에 대해서 곰곰이 생각했다. 다섯 살 아이의 세상에서 실수는 장난감 카트를 부러뜨리거나 물건을 떨어뜨리기, 옷을 거꾸로 입는 것 등 사소한 것들뿐이다. 그러다 아이가 좀 더 자라 힘이 세지면 더 커다란 물건을 넘어뜨릴 수도 있고, 그 힘을 조절하지 않으면 누군가를 넘어뜨릴 수도 있겠다는 생각이 들었다. 아이가 초등학생을 지나 청소년이 되어 마주하는 세상에서는 지금과는 또 다른 차원의 실수들이 기다리고 있을 것이다. 아이가 살아가며 맞닥뜨릴 숱한 실수에 대해 아빠는 어떻게 반응해야 할까? 그저 괜찮다며 모든 실수를 끌어안아 주는 게 좋을까? 아니면 아이 스스로 책임져야 할 몫은 감당하도록 기다려줘야 할까? 때로는 '괜찮아'가 정답일 때도, 어떤 때는 '조금만 기다리며 네가 어떻게 책임질 수 있는지 생각해 봐'가 필요할 때도 있겠다. 이것도 저것도 아닐 땐, 이런 공감이 아이에게 더 와닿을 거로 생각했다.

'하성아, 아빠도 실수 많이 해. 어쩔 때는 아빠가 한 실수가 너무 당황스러워서 어떻게 해야 할지 막막할 때도 있더라. 아빠는 지금보다 더 어른이 되어서도 아마 실수할거야. 아빠랑 같이 고민해 보자. 우리를 기다리는 많은 실수에 어떻게 맞설지!'

나는 장난감 도서관에 장난감을 반납하러 가는 날, 하성이와 함께 도서관 담당 선생님에게 부러진 카트를 함께 내밀어야겠다고 생각했다. 그렇게 아이와 실수에 맞서기로 했다. 한 손에는 아이의 손을, 다른 손에는 장난감을 들고 들어갔다.

"선생님, 저희가 장난감을 가지고 놀다가 여기가 부러지고 말았네요."

"아, 네! 변상 동의서 작성 해주시고요, 동일한 제품으로 구매하신 후에 카트만 따로 가져다주시면 됩니다."

자초지종을 설명하고 조치 사항을 전해 듣는 내내 하성이가 옆에 서 있었다.

"하성아, 우리가 카트를 부러뜨려서 다른 사람들이 그 장난감을 사용하지 못할 수 있으니까 우리가 새 카트로 바꿔줘야 하는 거야. 알았지?"

실수했을 땐, 어떤 잘못을 했는지 솔직하게 이야기 해야 한다는 것, 실수로 인해서 책임져야 할 부분은 어떤 형태로든 반드시 갚아야 한다는 걸 배웠기를, 그렇게 실수의 무게를 느꼈기를 바란다.

여러 질문

(하임이가 마주하는 세상)

하임이는 몸과 마음, 생각과 감정이 열심히 자라고 있다. 하임이가 보는 세상이 점점 넓어지면서 스스로 답할 수 없는 게 생겨나고 그때마다 우리에게 질문을 쏟아낸다. 어떤 건 바로 해결해 주고 싶은 게 있다. 또 다른 질문은 잠시 시간을 두고 아이에게 알려주고 싶다. 그건 아이가 잊지 말았으면 하는 마음, 아빠가 발견한 소소한 진리를 천천히 들려주고 싶은 마음이다.

첫 번째 질문. "유치원에서 아무도 하임이를 안 좋아하는 것 같아."

하임이가 생일이 빠른 덕분에 7세 반으로 월반했을 때의 일이었다. 엄마, 아빠의 관심 속에서만 자라오다가 난생처음 낯선 환경에서 마주한 감정이었다. 아이는 그동안 따뜻한 보금자리에서 낙서 같은 그림을 그려도 누군가가 좋아해 주고, 때로 집안을 어지럽혀도 집중해서 노는 모습을 되려 칭찬 받으며 자랐다. 낯설기만 한 교실 환경에서는 아이가 무얼 하고 있든 유치원 약속에 따라 아이들 각자 분주한 모습이 조금은 어색해했다. 하임이는 다수가 되는 연습, 집단 안에서 자기를 발견하는 연습을 이제 막 시작했다.

하임아. 너에게 있어 누군가를 좋아한다는 감정은 웃으며 먼저 인사해 주고, 재미나게 하고 있는 걸 같이 하자고 말해 주고, 집에 가서도 엄마에게 까먹지 않고 그 애 이름을 꼭 말해주고 싶은 마음이 들게 하는 거지? 다른 아이들보다 생일이 빠른 너는 한 학년을 월반해서 7살 신입생으로 3월이 몇 주나 지난 시점에 중간 편입을 한 거야. 그러다 보니, 다른 친구들은 저마다 친한 애들이 있고 그렇게 또래 집단을 이루어서 생활하고 있는데 하임이 혼자 덩그러니 교실에 놓여버린 상황이 힘들었구나. 아빠가 보기에 하임이는 새로운 두 가지 감정을 배우고 있는 것 같아. 하나는 '낯설다'이고 또 하나는 '외로워'야. 낯설다는 건 새 친구, 새 교실, 새 선생님 이렇게 새로운 걸 만났을 때 어떻게 해야 할지 모르는 마음이야. 아빠도, 엄마도 다른 친구들도 누구나 '낯설다'는 감정을 만나곤 해. 그럴 때는 조금 시간이 필요하단다. '낯설다'는 시간이 지날수록 크기가 작아지거든. '외로워'는 아무도 하임이를 바라봐주지 않거나, 아무도 하임이 이야기를 들어주지 않는 것 같을 때, 또는 혼자 있는 게 힘이 들 때 마음속에 찾아오는 감정이야. 아빠는 아직도 '외로워'라는 감정하고 친해지고 있는 중이야. 그런데 하임아, '외로워'가 찾아왔을 때 가만히 기다리다 보면 마음속에 한 사람, 두 사람이 생각이 나더라. 그 사람들은 늘 네 옆에 있어 주며 따뜻한 미소를 선물해 주어서 용기가 자랄 수 있도록 도와주더라고. 하임이에게도 그런 사람들이 떠오를거야. 그중 한 명은 아빠라는 걸 기억해!'

두 번째 질문. "내가 잘 때 기도했어. 내일 아침에 1등으로 일어나게 해달라고. 그런데 왜 안 들어주시는 거야? 기도하면 다 들어주신다고 했는데."

하루일과를 다 마치고 잠자리에 누워서 이불을 덮고 있던 하임이는 갑자기 이불을 박차고 일어나 자기 화장대 앞에 가서 무릎을 꿇었다. 다음날 자기가 제일 먼저 일어나게 해달라고 기도하고 온 모양이었다. 그런데 아침이 되어보니 자기가 기도했던 대로 이루어지지 않았다. 하임이는 제일 늦잠을 잤다. 기도를 드리며 품었던 아이의 기대는 약간의 실망으로 바뀌었다. 나는 기도해도 들어주시지 않는 분이 아니라, 아이에게 가장 필요하고 소중한 걸 제일 잘 아시는 분임을 알려주고 싶었다.

하임아. 아빠 엄마가 하임이를 무척이나 사랑하고 있다는 것 알고 있지? 누군가를 사랑한다는 것은 그 사람에게 가장 좋은 걸 주고 싶어 하는 마음이야. 그래서 아빠 엄마는 하임이가 하고 싶은 걸 이야기했을 때, 하임이에게 그 순간 가장 좋은 게 무엇인지 고민하게 되더라고. 그건 자기 전에 간식이 먹고 싶다는 하임이 말에, 간식을 먹는 게 좋을지 아니면 조금은 배고픈 상태로 잠이 드는 게 너에게 더 좋을지 고민하는 마음이야. 하임이가 가장 먼저 일어나게 해달라고 기도했을 때, 아마 1등으로 일어나는 것보다 아침잠이 많은 네가 조금 더 자면서 에너지를 충전하는 게 더 좋은 것이기 때문에 들어주지 않으셨던 걸 거야. 하임이를 무척이나 사랑하시기 때문이지.

세 번째 질문. “엄마! 제일 좋아하는 사람이 누구야? 제일 사랑하는 사람이 누구야? 하임이한테만 비밀로 이야기해 줘."

아이는 때로는 진지하게, 때로는 싱긋 웃으면서 이 질문을 던지곤 했다. 아빠 엄마에게 가장 소중하고 사랑받는 아이가 되고 싶은 건 어느 아이나 마찬가지일 것이다. 동생이 옆에 있으니, 몰래 자기만 들리게 말해달라고 했다. 아이가 여전히 사랑받고 있다는 사실을 아낌없이 들려주기로 했다.

'아빠는 하임이가 이 질문을 왜 하게 된 건지 잠깐 고민해 봤어. 엄마에게서, 아빠에게서 사랑한다는 말을 듣고 싶은 마음이겠지? 때로 동생보다 네가 더 특별한 건지를 알고 싶은 마음도 있을 거야. 지혜로운 엄마는 동생이 아빠하고 잠시 노는 동안 하임이를 따로 불러서 비밀로 이야기해 주었지. 엄마 이야기를 듣고 마음이 잔뜩 채워진 너의 얼굴을 잊을 수가 없더라. 그리곤 아빠에게 속삭였지.'

"아빠! 엄마가 뭐라고 했는지 알려줄까? 엄마가 그러는데 하임이랑 하성이랑 똑같이 사랑한데. 근데 하임이는 엄마를 엄마가 되도록 만들어준 첫 번째 사람이기 때문에 너무 특별하데."

'맞아 하임아. 너는 아빠 엄마에게 첫 번째로 찾아온 선물 같은 사람이야. 그래서 너무나 특별해. 배 속에 아이가 자라고 있다는 기적, 처음 들어봤던 너의 심장 소리, 눈이랑 코랑 입이랑 얼굴이랑 점점 커가며 누굴 닮았을까 생각해 봤던 설레임, 모두 하임이를 통해서 처음 느껴봤던 소중한 경험이야. 너는 아빠, 엄마가 되도록 만들어 준 사람이라서 정말로 특별해.'

네 번째 질문. "누가 하임이를 잡으러 올 것만 같아."

'엄마하고 누워서 잠이 들랑 말랑하다가 갑자기 누가 잡으러 올 것 같다며 우는 너의 모습을 보면서 아빠는 네가 '무서워'라는 감정을 배우고 있다고 생각했어. 책에서 본 건지, 아니면 유치원에서 본 영상에서였는지는 모르겠지만 '무서워'가 찾아와서 놀랐겠다 하임아. 그런데 하임아. '무서워'보다 더 커다랗고 힘이 센 게 뭔지 알려줄까? 그건 '사랑해'야. 무섭다며 우는 너를 엄마가 따뜻하게 포옥 안아줬지? 그러고 나니 마음이 조금 편안해지고 처음보다는 '무서워'가 작아졌다는 느낌이 들었을 거야. 그건 엄마가 하임이를 사랑하는 마음이 '무서워'를 작아지게 만들었기 때문이야. 아빠 엄마는 '무서워'가 아예 하임이에게 찾아오지 못하도록 해줄 수는 없지만, '사랑해'가 더 잘 느껴지도록 해줄 수는 있어. 꼭 기억해 하임아. '무서워'보다 더 커다란 감정은 아빠 엄마가 너를 사랑하는 마음이야.'

다섯 번째 질문 "왜 나은이 엄마는 괜찮다고 하고, 아빠는 빌려주면 어떨까라고 나한테 물어보는 거야?"

유치원에서 만나게 된 동생 나은이가 하임이가 타고 있던 핑크색 킥보드를 타고 싶어서 너에게 타도 되냐고 물어봤지? 소중한 킥보드여서 빌려주기 어려워하는 너를 보고 나은이 엄마는 괜찮다고 말해주었고, 아빠는 너에게 "나은이 한번 타게 해주면 어떨까"라고 물어봤었지? 그 상황에서 나은이 엄마 마음하고 아빠 마음이 헷갈릴 수도 있었겠다. 나은이 엄마하고 아빠는 서로를 '배려'했던 거야. '배려'는 다른 사람을 도와주거나 보살펴주려는 마음인데, 나은이 엄마는 빌려주기 어려운 하임이의 마음을 배려했던 거고 아빠는 킥보드가 타고

싶은 나은이의 마음을 배려했던 거야. '배려'는 간식을 먹다가 하성이에게 하나쯤은 나누어주고 싶은 마음이고, 아빠하고 데이트하며 선물을 살 때 하성이 선물까지 챙겨가고 싶은 마음, 유치원 가방을 챙길 때 하임이랑 친한 예은이에게 줄 색종이 선물을 챙겨서 가고 싶은 마음들이 모두 '배려'야.'

제2장

알게 된 아빠 마음

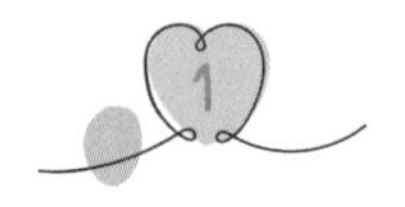

어깨동무

(엄마가 하루 종일 약속이 있던 날)

엄마가 하루 종일 약속이 있던 날, 나는 걱정스러운 눈빛으로 떠나는 아내에게 호기롭게 말했다.

"아, 걱정 말고 다녀와, 애들 보는 거 뭐 한 두 번도 아니고"

우리는 집 근처 타임 빌라스(종합 쇼핑몰)에 가기로 했다. 생긴 지 얼마 되지 않은 곳인데, 아이들이 뛰어놀 만한 잔디광장이 있고, 또 어떤 곳엔 그림책을 마음껏 읽을 수 있는 공간도 있었다. 배고프면 간식 먹으면 되고, 심심하면 장난감 구경까지 할 수가 있었으니, 아이들은 그곳에 가는 걸 좋아했다. 특별히 이날엔 엄마가 '그림책과 함께하는 미술 수업'을 예약해 놓았다. 그림책 선생님에게 아이들을 맡겨놓으면, 아이들은 선생님과 함께 재미난 미술 활동을 한다. 1시간 남짓 아이들이 교실에 있는 동안, 엄마 아빠에게는 쉬는 시간이기도 했다.

아이들이 좋아하는 타임 빌라스에다가 미술 활동까지 있으니, 계획은 아주 완벽했다. 다만, 이런 그림책 수업에 엄마 아빠 없이 아이들만 참여하는 건 처음이라는 게 변수였다. 그래도 뭐 별일이야 있을까 싶었다. 우리는 예약 시간 약 30분 전에 도착했다. 바깥 유리를 통해 앞선 차례의 아이들이 수업 하는 걸 구경했다. 나는 우리 애들이 다른 친구들 참여하는 모습을 보면 자연스레 호기심이 생길 거라 생각했다. 아니 그러길 간절히 바랐다. 그때부터 하성이는 내 무릎을 떠나지 않으려 했다. 심상치 않았지만, 우리 차례가 되면 걱정보다는 호기심이 더 커져서 내 무릎에 있던 아이가 교실로 떠날 거라 예상했다. 무엇보다 그 그림책 활동 수업비용이 꽤나 비쌌다. 그러니 아이들은 꼭 참여해야 했다. 전 타임이 끝나고 다음 차례인 우리가 입장하려는 순간, 하성이는 낯선 곳이라 당황했고 갑자기 안아달라고 재촉했다. 아이는 들어가지 않겠다며 울먹였다. 나는 입장 시간이 점점 다가오는 압박감을 느꼈고, 이러다 돈을 날릴 수 있다는 불안까지 엄습하니 울먹이는 아이를 달래줄 여유 같은 건 이미 사라졌다. 당황한 아이의 감정에 나도 동요했다. 나는 울먹이며 안아달라고 보채는 아이를 나무라고 말았다.

"하성아. 왜 그래 진짜. 하아... 아빠가 너무 힘들다.."

그럴 때일수록 차분하게 마음을 가라앉히고 하성이가 처음 와본 곳이라 느껴졌을 아이의 낯선 감정을 공감해 주었다면 어땠을까? 교실 안에서 이루어질 시간과 활동에 대해서 아이가 이해할 수 있도록 잘 설명해 주었다면 어땠을까? 왜 이런 생각들은 시간이 지난 후에야 후회와 함께 찾아오는 걸까. 힘들다고 말해버린 순간 머리가 멍해졌다. 나 스스로 감정조절에 실패했다는 자책감이 몰려왔고, 어떻게 대처해야 할지 난감해졌다. 시계는 멈추지 않고 계속 흘러갔다. 하임이는 울먹이며 안겨있는 동생과 그런 동생을 나무라고 힘들어 하는 아빠를 동시에 보고 있었다. 하임이도 실은 그곳이 낯선 곳이라 불안하고 동생이 울먹이니 당황스러울 수 있었을 텐데, 그래서 동생처럼 아빠에게 안기고 싶었을 텐데, 그 감정들보다 더 커다란 어떤 마음이 하임이를 움직였다. 하임이가 입장하겠다며 교실 문 앞에 우직하게 섰다. 그리곤 나에게 괜찮을 거라는 눈길 한번 주고 교실 안으로 먼저 들어갔다. 하임이가 내게 보낸 눈길, 걸어 들어가는 뒷모습이 너무 멋져 보였다. 다른 아이들이 하는 걸 보며 아이도 책을 고르고 책 선생님 앞에 앉아 교실 미술활동을 시작했다. 그 모습은 마치 나에게 이렇게 들리는 것 같았다.

'하성아. 누나가 먼저 들어갈게, 누나가 하는 거 잘 봐. 보다가 준비가 되면 그때 들어와. 알겠지?'

감정을 주체하지 못했던 두 남자는 커다란 유리창 너머로 성숙하게 미술 활동을 해가는 누나를 우두커니 지켜보았다. 하성이는 누나 모습을 보며 자기도 들어가겠다고 했다. 아빠하고 같이. 조용히 들어가 누나 옆에 앉혔다. 하임이는 책 선생님이 읽어주는 동화책에 시선을 고정한 채, 늦게 들어와 옆에 앉은 동생의 어깨에 자기 손을 올렸다. 그리고 토닥여주었다. 나는 하임이에게 아이를 맡기고 조용히 나왔다. 그 뒤로 하임이는 책을 보거나, 미술 활동을 하다가 이따금씩 하성이 어깨에 자그마한 손을 얹어서 토닥여주었다. 하성이도 누나의 자그마한 품에서 안정감을 찾아가는 게 보였다. 아이는 유리창 너머로 자기와 동생을 지켜보고 있는 아빠에게 괜찮다는 눈길을 주는 것도 잊지 않았다. 그 눈길은 내게 이렇게 들렸다.

'걱정 하지마, 아빠. 우리 잘하고 있어.'

그날 하임이가 품었던 마음은 자기의 불안감을 덮고, 동생을 보듬아주며, 아빠까지 위로하고 안정시킬 만큼이나 컸다. 그건 1시간 만이라도 좀 편안하게 쉬고 싶었던 내 마음을 부끄럽게 만들었다. 하임이의 그 마음은 어찌할 바 몰라서 불안해하는 하성이를 도와주기보다, 비싼 예약금을 아까워했던 내 마음을 한없이 작게 만들었다. 그리고 때로는 아빠가 모든 상황을 해결하지 않아도 된다고, 기다려주면 스스로 답을 찾아갈 수 있다고 알려주는 것만 같았다.

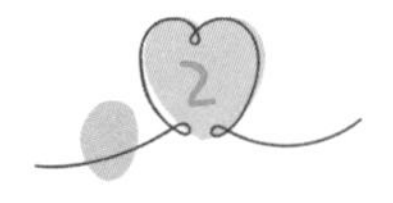

이럴 땐 어떻게 해야 하지?

5월은 우리에게 찬란한 아침 햇살을 선물해 준다. 날이 더 뜨거워지기 전에 그 아침 햇살을 아이들이 누리길 바라는 마음에 킥보드를 타고 유치원에 가자고 아이들에게 말했다. 서늘한 바깥 공기를 마시면서 햇볕 샤워를 해주면 아이들의 몸과 마음이 모두 깨어날 것만 같았다. 실제로, 아침에 20분 정도 햇볕을 쐬어주는 것이 정신이 깨는 것과 더불어 우리의 몸도 깨어나게 도와준다고 한다. 신이 난 아이들은 자기 킥보드 앞에 섰고 주섬주섬 헬맷도 착용했다. 하성이가 먼저 출발하려는데 하임이는 킥보드에 매달린 조그만 가방에서 무언가를 꺼내고 있었다. 언제 또 거기에 넣어놨는지 모를 껌이었다. 아이는 뭐 좀 씹으면서 운전해야 할 맛이 난다는 걸 어떻게 알았던 걸까, 껌을 물었고, 나중에 뱉을 때 쓰겠다면서 껌종이를 손에 쥔 채 출발했다.

'아니 한 손 운전을 한다고? 아빠한테 배운 건가..? 저러다 다치는데'

"하임아! 종이는 따로 주머니에 넣고, 타는 게 좋겠어."

아이는 아빠의 말에 아랑곳하지 않고 출발했다. 킥보드를 탄 아이들이 저 멀리서 햇볕 속으로 들어가는 것처럼 보였다. 그런데 늘 그렇듯 불안한 예감은 틀. 린. 적. 이 없었다. 하임이가 넘어지고 말았다. 한 손에 껌 종이를 가지고 불안정하게 킥보드를 탔던 게 역시 화근이었다. 아이의 울음소리가 들렸다. 나는 아이들이 넘어지거나 다쳤을 때면, 급하게 다가가지 않으려고 한다. 놀란 내 마음이 아이들을 오히려 불안하게 만들 것 같아 내 호흡을 가다듬고 아이를 도와주려는 게 그 목적이다. 아이들은 다쳤을 때 감정이 요동치고, 주체할 수 없는 울음이 찾아올 때가 있다. 그럴 때 아빠의 단정한 호흡과 반응은 아이의 놀란 마음, 불안한 마음을 진정시켜주는 데 도움을 준다. 나는 아이에게 가까이 다가가서 조금 더 지켜보았다. 그리곤 아이를 안아주었다. 아이의 울음소리가 생각보다 큰 걸 보니 많이 놀랐나 보다. 다행히 상처는 그리 깊지 않았다. 시간은 계속 흘렀다. 지금쯤이면 유치원에 도착했어야 하는데.. 햇볕 샤워를 하며 등원하려는 계획이 틀어지고, 등원 시간은 점점 다가오고, 아이까지 다쳤으니 찬란했던 5월의 햇살은 갑자기 덥게만 느껴졌다. 아이를 다그치고 싶었다. 나는 아이를 안아주며 불쑥불쑥 올라오는 이 말을 연신 삼켰다. '왜'를 묻지 않기 위해.

'왜 아빠 말을 안 듣고, 껌 봉지 가지고 타다가 넘어지고 그러냐.. 긍게 글지..'

유치원에 늦을 수도 있겠다는 불안감은 점점 짜증으로 변해갔다. 아빠 말을 듣지 않고 자기 생각대로 타다가 넘어지게 된 아이를 나무라고 싶었다. 내 품에 안겨 계속 큰 소리로 울먹이는 아이를 보면서 이런 생각도 들었다.

'그거 넘어졌다고 이렇게 울다니? 그렇게 울 정도로 넘어진 건 아닌데..'

짜증스러운 마음은 점점 커지고, 아이의 울음이 멈추기를 기다리며 하임이의 등을 습관처럼 토닥여주었다. 동시에 어떻게 하면 아이에게 화를 내지 않고, 유연하게 나무랄 건지 울먹이는 아이에게는 들리지도 않을 말을 궁리했다. 나는 아이가 또 같은 실수를 하지 않았으면 하는 마음, 내 말을 듣지 않고 고집 부린 것에 대해 질책하고 싶은 마음 사이 어디쯤에 있었다.

나는 나름 최대한 부드럽고 친절한 것 같은 어투로 울먹이는 아이에게 말을 꺼냈다. '왜'를 묻는 것보다는 한결 더 낫다고 생각하면서.

"하임아. 손에 뭐 들고 킥보드 타면 안 되겠다. 그렇지? 다음에는 손에 뭐 들고 타지 말자!"

하임이는 대답이 없었다. 우리는 천천히 유치원으로 걸어갔다. 이날의 등원길은 참 멀었다. 아이를 들여보내고 걸어왔던 길을 되돌아가며 곰곰이 생각했다. 지혜로운 아빠라면 그 상황을 어떻게 대처했을까. 과연 아이에게 건넨 내 말은 실수해서 부끄러운 아이의 마음을 위로했을까? 아님 손에 무얼 들고 탔기 때문에 넘어진 거라고 아이를 나무라는 말이었을까. 따끔한 훈육이 필요했던 상황이었을까? 넘어져서 놀란 아이의 마음이 진정되기까지 기다려주는 게 먼저였을까. 나는 답을 알 수 없는 질문들을 던져가며 걸었다. 숨가빴던 내 호흡도 점점 편안해졌다. 아이는 놀란 마음을 진정하고 싶으니까 안아달라고 했겠지, 울음소리가 컸던 건 그만큼 놀라고, 당황스러운 자기 마음의 표현이었을 거라고 아이 마음을 이해했다.

어렸을 적 실수를 해버린 나에게 엄마가 해주던 말이 떠올랐다. 그 말은 현명한 대처에 대한 실마리를 주었다. 설거지 하던 엄마 곁에서 장난치다가 접시를 깨뜨렸을 때 엄마의 첫 마디는 이거였다. 물건을 망가뜨리거나, 실수로 바닥에 떨어뜨려도 이 말이 가장 먼저 들렸다. 내가 하임이만 했을 시절, 숱하게 넘어지고 다쳤을 때 엄마는 누구보다 놀랐을 테지만 나를 향한 첫마디로 이 말을 선택했다. 너무 많은 생각하지 말고, 그냥 이 말이면 충분했다. 이젠 내가 아이들에게 그 말을 해주기로 했다.

"괜찮아..잉~?"

늦여름에 내린 비가 알려준 것

비가 많이 내리던 날 오후였다. 아이들이 가까이에 사는 사촌 동생네 집에 가고 싶어 했다. 늦여름, 가을을 재촉하는 비가 제법 많이 내렸다. 순간 망설였지만, 우비를 입고 비 맞으며 걷는 것도 추억이 되겠다 싶어 아이들과 나갈 준비를 했다. 아이들은 화장실에 가서 미리 쉬도 하고, 신발장에서 장화도 챙겨 신었다. 잔뜩 신났다. 각자의 우산을 들고나가려는 찰나, 하임이가 외쳤다.

"아빠! 내 우산 어딨어???"

"아 맞다! 하임아. 우산 아빠 차에 있다. 이런. 오늘은 아빠가 하임이가 들 수 있는 다른 우산 줄게!"

조금 무겁긴 해도 하임이가 스스로 들 수 있을 만한 우산을 챙겨줬다. 아이는 대체우산이 마음에 들었는지 옅은 미소를 머금었다. 우산을 챙겨드는 누나를 빤히 바라보던 하성이도 한마디 했다.

"아빠! 하성이도 우산 필요해!"

"하성아. 지금 하성이가 쓸 수 있는 우산이 이것밖에 없는데 들고 갈 수 있겠어? 우비를 입었으니까 굳이 우산 안 써도 돼. 그냥 가자. "

"아니야! 할 수 있어! 들 수 있지? 이거봐."

"그럼 오늘은 하임이도 하성이도 우산 없이 가는 게 어때?"

"아니야~~!!!"

잠시 고민했지만, 나는 아이들에게 책임감을 알려줄 기회라고 생각하고 한마디 던졌다.

"그래! 그럼 하성이가 선택한 거니까 끝까지 한번 책임져봐~! 끝까지."

아이는 아빠의 만류에도 누나처럼 자기도 우산을 손에 쥔 게 좋았는지 웃으며 집을 나섰다. 자기 키만큼이나 커다란 우산 때문에 아이와 작은 실랑이가 있었지만, 이미 마음은 밖으로 향해있는 아이를 더 말릴 수가 없었다. 이후에 벌어질 일들이 머릿속에 스쳤다. 그때부터 내 마음에 있던 여유는 조금씩 사라지기 시작했다.

'하성이는 분명 조금 걷다가 힘들다고 할 테고, 무거워진 우산을 어찌할 줄 몰라 내게 맡기겠지. 조금 더 걸은 후에는 또 안아달라고 할 게 분명해. 그 순간에 딱 알려줘야겠다. 후.'

불안한 마음은 아이가 고집을 부린다는 생각으로 번졌다. 별 것 아닌 우산이지만, 다음에 또 고집을 부리기 전에 제대로 알려줘야 했다. 나는 비 맞는 즐거움보다, 물 웅덩이에 첨벙첨벙 발 구르기를 하는 추억보다 아이의 고집을 꺾는 것이 더 중요했다. 어떻게 알려줘야 할지, 비 맞으며 걷다가 벌어질 일들로 불안해지려던 찰나, 하성이의 말 한마디가 상황을 정리했다.

"아빠! 그래도 우리 즐겁게 가자! 히!"

"그러자!! 오케이, 출발!!"

바람도 간간이 불었지만 비 맞으며 걷는 느낌이 퍽 즐거웠다. 아이들은 몇 걸음 걷다가 빗물이 모여 만들어진 작은 웅덩이를 툭툭 발로 차기도 하고, 그 위에서 점프하며 비 오던 그날의 추억을 하나씩 만들어갔다. 까르르 웃는 아이들의 웃음소리가 빗소리 하고 섞여서 내게 들려왔다. 하성이는 들고 있던 우산이 무거워졌는지 접어보려고 애를 썼다. 나는 잠시 지켜보다가 물었다.

"하성아. 도와줄까?"

"응."

나는 우산을 접어주고는 아이에게 건넸다. 하성이는 자기 키만큼 오는 우산을 지팡이 삼아 짚어가며 걸었고, 다시 버튼을 눌러 우산을 쫘악 폈다. 그러다 아이는 또 우산을 접으려고 낑낑 애를 썼다. 책임져보라는 아빠의 말을 기억하고 있다는 듯 혼자서 해내보려고 무진 노력했다. 나는 그 모습이 괜히 짠해 보이면서도, 내 말을 듣지 않고 고집을 피우다 아이도 나도 고생하는 것 같아서 좀 짜증 나기도 했다. 우비는 썼지만, 비를 다 막지는 못했고 아이들 옷이 점점 젖기 시작했다. 바람이 불어 제법 쌀쌀하게 느껴지기도 했다. 추억 만드려다 감기를 만들게 생겼다. 나는 그 모든 상황 속에서도 고집을 꺾는 훈육만을 생각했다. 언제 이 말을 할지 생각하면서.

'이리 내. 아빠가 우산 들어줄게.'

잘 걸어오던 하임이가 우산 드는 게 힘들다며 내게 건넸고, 결국 우리는 잠시 멈췄다. 나는 비를 맞으며 아이들에게 단호하게 말했다.

"얘들아! 아빠 봐바. 아빠가 안 된다고 말하는 데에는 다 이유가 있는 거야. 우비 입고 우산까지 들고 가면 힘들 것 같아서 아빠가 안된다고 했던 거야! 알겠어?"

나는 자기가 선택한 것에는 책임을 져야 한다는 걸 알려주고 싶었고, 아빠가 안 된다는 데에는 이유가 있다는 것도 기억하게 해주고 싶었다. 빗소리와 함께 아빠의 따끔한 한마디가 이어졌다. 아이들을 바라보고 있는 나, 우두커니 멈춰 선 아이들 그 사이로 늦여름의 비가 어색하게 내렸다. 잠시 후 하성이가 한마디 던졌다. 그 한마디는 우리가 빗길을 누리고 있었다는 걸 다시 일깨워주었다. 틈이 없던 내 마음에 여백을 선물해 주었다.

"아빠! 우리 그래도 재밌는 오후 보내자!"

"오! 그래! 그러자! 다시 출발!!"

아이를 양육하는 부모는 마음속에 여러 스위치를 가져야 한다고 했다. 아이들에게 무언가를 알려줘야 할 때, 정확하게 이해하도록 단호한 훈육 스위치를 켰다면, 훈육이 끝나고서는 그 스위치를 바로 꺼야한다. 그리곤 다시 아이와 함께하는 '즐거운 스위치'를 켜는 것이다. 훈육이 끝나고서도 스위치를 끄지 않으면, 아이는 잘못으로 인해 계속 엄마와 아빠가 자기를 '잘못한 아이'로만 인식한다고 느낀다. 하성이의 한 마디는 내 마음속에 있던 훈육 스위치를 끄도록 도와주었다. 그제서야 아이들이 밟고 뛰던 웅덩이들, 아이들의 웃음소리, 늦여름 빗소리가 내 마음에 채워지기 시작했다.

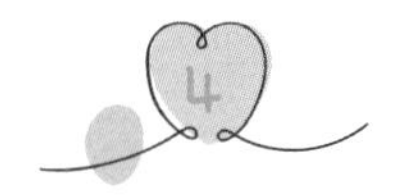

몰입의 기쁨

아이가 무언가에 몰입하고 있는 모습을 멀리서 바라보는 건 참 즐겁다. 아이가 몰입하는 순간은 돈 주고도 사줄 수 없는 경험이다. 내가 애쓰지 않아도 스스로 자기 시간을 채워가고 있는 것 같아 흐뭇하기도 하다. 그 순간은 마치 아이가 보이지 않는 몰입 상자 안으로 들어가 어느 것에도 관심을 주지 않고 오롯이 대상과 자기만이 존재하는 것처럼 보인다.

※'몬테소리 교육'에서는 어린이가 스스로 선택한 일을 계

* 「엄마와 아이를 빛나게 하는 몬테소리의 메시지」/ ㈜ 한국 몬테소리

속 해나가고 아무리 어려워도 시작한 일은 몇 번이라도, 며칠이라도 반복한다고 한다. 그리고 누군가의 재촉 없이도 자기 스스로 '이제 끝이다'하고 그만둔다고 한다. 이와 같은 일련의 작업 흐름, '①스스로 선택한다 – ②반복한다 – ③집중한다 – ④성취감을 가지고 끝낸다'라는 네 단계를 '작업 사이클'이라고 정의하고 있다. 하임이는 지금 색종이 접기로 작업 사이클을 밟고 있다.

아이가 원하는 모양으로 색종이를 접기 위해서는 상당한 집중력과 손끝의 힘 그리고 공간에 대한 어느 정도의 감각이 있어야 한다. 종이를 어떻게 접어야 다음 모양이 되는지를 이해해야 하고, 이해한만큼 끝부분을 맞추어서 잘 접어야 하기 때문이다. 다섯 살이었을 때만 해도 아이가 종이접기를 할 때면 처음 색종이의 틀을 잡아 접는 쉬운 부분에서는 잘 따라오다가 구조를 이해하기가 어려워 지면 이내 아빠의 도움을 요청했고, 결국 아빠가 주도하는 종이접기가 되곤 했다. 이렇게 되면 아이는 종이접기가 주는 성취감을 그다지 누리지 못하기 때문에 아쉬움이 남았다. 하임이는 며칠 전부터 색종이 접기에 푹 빠져있다. 아이가 종이접기로 성취감을 누리기 시작한 건 유치원에서 스스로 접을 수 있는 걸 배우면서였다.

신발을 벗고 올라가세요.

아이는 선생님의 안내와 설명서를 통해 종이접기(하트, 비행기 등)를 해가며 종이접기의 매력을 느꼈다. 집에 와서도 오랜 시간 종이접기를 했다. 하임이는 유튜브에 업로드 되어있는 여러 종이접기 영상 중에서 자기가 접고 싶은 예쁜 모양의 색종이 접기 영상을 선택하고 영상 속 선생님의 안내에 따라 접기 시작한다. 아이는 느리지만 정확하게 접으려고 노력한다. 이해가 안 된 부분이 있으면 잠시 멈춰서 생각해 보다가 다시 접는다. 이때, 나는 참견하지 않고 아이 옆에서 속도를 맞추어 같이 접거나 아이가 접는 모습을 바라만 본다. 이 시간은 아이가 스스로 주도해 가는 종이접기 시간이기 때문이다. 괜한 참견은 아이의 몰입을 방해할 수 있다. 아이는 스스로 선택(종이접기 영상)하고, 영상을 보면서 반복하고, 두 시간 정도 집중하며 끝내 이 한마디를 외친다.

"아빠 종이접기가 너무 재미있어. 종이접기 할 때는 배도 안 고프고, 졸리지도 않아."

아이는 종이접기에 깊이 빠져들어 배도 고프지 않고 졸리지도 않은 그 느낌, 오랜 시간 색종이와 아이 그리고 종이접기 설명만이 존재하는 그 상태를 경험한다. 아이의 몰입은 나에게 멀찍이서 집중하고 있는 아이를 바라볼 수 있는 기쁨을 덤으로 선물해 준다.

몰입의 기쁨을 누리는 하임이를 보다가, 어린 시절 나를 바라보던 엄마의 시선이 문득 떠올랐다. 초등학교 시절, 갑자기 어떤 연유에서 그랬는지 정확히 기억나지 않으나 나는 고장이 난 헤어드라이기를 분해하기 시작했다. 아마도 그 당시의 내가 학교 과학 시간에 배운 전선의 연결에 대한 지식이, 마침 집에 있던 고장 난 드라이기와 맞물려서 선을 연결하고 절연테이프로 붙이면 고칠 수 있겠다고 생각했다. 나는 호기롭게 신문지 한 장을 거실에 펼치고는 아빠가 가끔 사용하던 공구들을 가져와 늘어놓고 나사들을 하나씩 풀기 시작했다. 헤어드라이기를 분해하면서는 끊어진 전선을 연결하고 절연테이프로 감고 스위치를 켰을 때 다시 작동되는 기쁨을 떠올렸다. 분해하고 보니, 역시 전선이 몇 가닥 끊겨 있었다. 드라이기의 작동 원리가 생각보다 단순하다는 느낌을 받았던 기억이 난다. 전선 몇 가닥, 바람이 나오는 구멍, 뒷 바람이 나오는 곳, 손잡이와 나사들. 엄마는 갑자기 무언가에 홀린 듯 드라이기와 씨름하고 있는 나를 멀찍이서 그냥 바라봐 주었다. 엄마는 나에게 지금 뭐하는 건지, 왜 그러는지 그다지 묻지 않았다. 내가 선택하고 시작한 작업 사이클이 끝마칠 때까지 기다려주셨다. 절연테이프로 전선을 이었고, 분해의 역순으로 조립 해나갔다. 기대감 때문이었는지, 조립은 더 빨랐을 것이다. 스위치를 켰다. “펑!”하는 소리와 드라이기에서 새던 연기와 타는 냄새는 아직도 잊지 못한다. 뭐가 잘못됐던 건지 나사들을 다시 풀었다. 전선들이 타 있었고, 절연테이프도 두 동강 나 있었다. 엄마는 피식 웃었다. 드라이기를 고치는 데에 실패했지만, 드라이기와 나만이 가졌던 그 한참 동안, 엄마의 시선, 여러 장면은 너무도 진하게 남았다. 하임이가 색종이 접기로 누리는 몰입의 기쁨을 보면서 아이도 나중에 떠올릴 선명한 기억들을 열심히도 만들고 있다는 생각이 들었다.

세현이 이야기

내가 일하는 곳에 세현이라는 아이가 있다. 늘 장난기 가득한 얼굴에 간식을 입에 물고 오는 녀석이다. 에너지가 어찌나 넘치는지 계단으로 교실에 올라갈 때도 그냥 올라가는 법이 없이 시끌벅적하게 올라가는 아이다. 목은 늘 쉬어 있어서, 얼마나 바락바락 소리를 지르면서 장난을 치다가 그렇게 목이 쉬게 된 건지 궁금해지는 녀석이다. 그런데 며칠 전에 중국어 수업을 듣던 세현이를 데리고 중국어 선생님이 행정실로 찾아왔다. 어찌 된 영문인지 세현이가 울음이 터져 있었다. 선생님을 교실로 돌려보내고 왜 우는지 세현이의 쉰 목소리를 가만히 들어보니 이랬다.

"아빠가 보고 싶어.. 요.."

"세현이 아빠가 보고 싶어서 갑자기 울음이 났어요?"

"네에. 흐아앙..."

세현이가 아빠가 보고 싶다며 울음이 터진 건 처음 있는 일이었다. 몇 마디 말로 우는 아이를 진정시키기 어려울 것 같아 세현이를 데리고 건물 옥상으로 갔다. 바깥바람을 쐬면 마음이 진정될 것 같은 기대감으로.

"세현이 아빠는 운동 잘해요? 힘도 엄청 세시겠다~!"

"맞아요."

"그런데 세현이가 아빠보다는 유도를 더 잘하겠네요? 세현이는 유도를 배우는데 아빠는 안 배우잖아요!"

"맞아요! 제가 아빠 넘어뜨리고 그래요! 그런데 아빠가 보고 싶어요."

세현이는 자기가 좋아하는 아빠 이야기로 잠시 웃었다가 도로 시무룩해졌다. 괜히 보고싶은 마음만 더 커지게 했다. 이번엔 다른 질문을 던졌다.

"세현아. 세현이 집 휴먼시아 1단지예요?"

"네."

"자, 봐바~여기 옥상에서 세현이네 집이 보인다? 저기 숫자 보이지? 저게 세현이네 아파트예요. 그리고 이쪽으로 와볼래요? 저~기 보이는 건물을 주민센터고, 또 저기 저 커다란 건물은 큰 카페예요. 세현이 저기 가봤어요?"

"아직 안 가봤어요. 그런데 아빠가 보고 싶어요.."

내가 묻는 질문에 곧잘 답을 하면서도 다시 울음이 터졌고, 아빠가 보고 싶은 마음은 잘 달래지지 않았다. 세현이는 아직 8살 어린이였다. 세현이 말로는 아빠가 밤 10시에 퇴근하고 집으로 온다고 했다. 아빠를 기다리다 잠이 들면 한밤중이어서 아빠를 만날 수가 없다고 했다. 아침에는 그나마 아빠 출근 전에 아주 잠깐 만날 수 있다고 했다.

"그런데, 수요일 오후에는 잠깐 아빠랑 같이 있을 수 있어요"

"아! 수요일 오후에는 어학원 수업도 없으니까 아빠랑 많이 시간 보낼 수 있겠네요?"

"네."

"오늘만 지나면 수요일이니까 조금만 힘내볼까요?"

"그래도 지금 아빠가 너무 보고 싶어요.."

세현이 아빠는 토요일에도 가끔 출근을 한다고 했다. 세현이가 토요일에 축구학원을 끝내고 오면 아빠가 없을 때가 있었다고. 세현이는 태권도 학원도 다니고 유도학원도 다니며, 토요일에는 축구학원도 다닌다고 했다. 8살 어린아이가 소화하기에는 벅찬 학원일정이 아닌가 싶다가 그렇게라도 빈자리를 채워주고 싶은 아빠엄마의 마음이 느껴졌다. 일단 지금 아이 마음에 가득한 감정을 해결해줘야 했다. 어쩔 수 없이 아빠 목소리를 잠깐 들려주기로 했다. 아이 마음이 좀 진정이 될까 싶어 일하고 계실 아이 아빠에게 전화했다. 세현이는 아빠하고 짧게 통화했다. 아이는 아빠 말에 그냥 대답했다. 아마도 아빠도 세현이가 보고 싶다고, 오늘은 밤에 꼭 보자는 말을 했겠지. 세현이에게서 전화를 돌려받았는데, 세현이 아빠 카톡 프로필이 눈에 띄었다. 하나씩 돌려보니 온통 세현이 사진이었다. 세현이가 아주 아기였을 때부터 같이 여행 가서 찍은 사진, 아빠하고 세현이가 함께 쌓은 이야기들이 사진에 가득 담겨있었다. 아이는 아빠 목소리를 듣고 나더니 다행히 진정했다. 그리고 문득 세현이 아빠 모습이 내 머리속에 그려졌다. 아빠가 보고싶다는 아들의 말에 마음이 어땠을까. 먼 일터에서 어쩌지 못하는 마음을 자기 프로필에 있는 아이 사진을 보며 달랬겠지. 세현이는 밤에 잘 때도 도우미 선생님이 재워주신다고 했다.

울음이 터졌던 그날 밤에는 세현이가 그토록 기다리던 아빠를 만날 수 있었을까? 아니면 목이 빠져라 기다리다가 잠에 못 이겨 잠들어버리고 말았을까? 나는 아빠를 보고파하는 아이를 두고서 일을 할 수밖에 없는 아빠의 마음을 조금은 이해할 수 있었다. 나는 아이들이 지금보다 훨씬 어린 시절 회사 비서실에서 근무했었다. 수행비서의 특성상 내가 모시는 대표의 일정이 시작되면 내 업무도 시작이었고, 그날 짜여있는 스케줄이 모두 끝나야만이 나도 퇴근할 수가 있었다. 오늘은 좀 일찍 들어갈 수 있으려나 하는 헛된 기대감은 늘 미안함으로 바뀌는 게 일상이었다. 그날의 업무를 마치고 아주 늦은 밤이 되어 집에 들어가 곤히 잠든 아이의 얼굴을 한참 바라보고 있으면 아이와 놀아주지 못해 미안했던 마음이 조금은 나아지는 것만 같았다. 주말에도 대표의 일정이 있으면 출근해야 했으니, 아이를 향한 한편의 미안함은 늘 있었다. 그나마도 국내수행 업무는 잠든 아이의 얼굴이라도 볼 수가 있었는데, 해외출장이 잡히게 되면 그것마저 어려웠다. 누군가는 부러워할 만한 해외일정을 소화하고, 대표를 모시는 수행비서가 아니라면 가보지 못한 곳을 경험했지만 마음 한쪽 구석이 공허한 것은 무엇으로도 채워지지 않았다. 일을 잘 해내고 싶은 마음과 아빠의 빈자리가 느껴지지 않게 하고 싶은 마음 사이 어디쯤에서 참 많이 고민했었다. 그럼에도 아빠는 고민을 뒤로한 채 공식스케줄을 확인하고 그날의 목적지와 만날 사람, 필요물품 등을 체크하며 주어진 업무로 돌아와야 했다. 아이와의 시간을 대신해서 보내고 있는 그날을 허투루 쓸 수가 없기 때문이었다.

아이가 그날 아빠를 미처 보지 못했더라도 세현이에게 괜찮다고 말해주고 싶다. 세현이 아빠는 아마도 세현이와의 시간을 대신해 보냈을 그날을 허투로 보내지 않았을 거니까. 아빠이기 때문에 세현이를 위한 시간으로 최선을 다했을 거니까. 아빠들 화이팅!

제3장

알게 된 육아 팁들

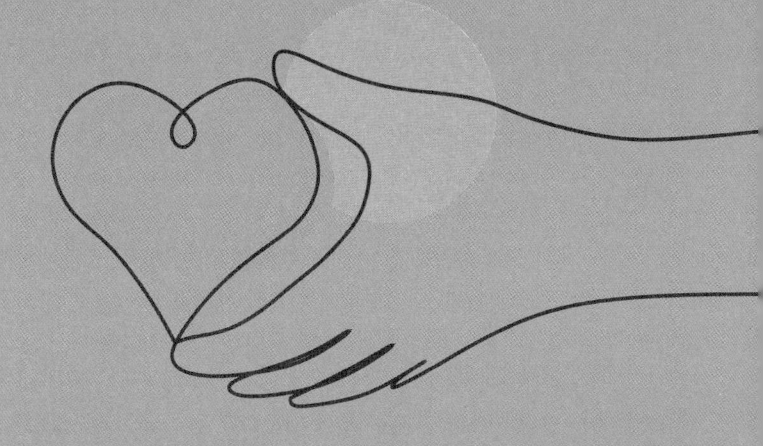

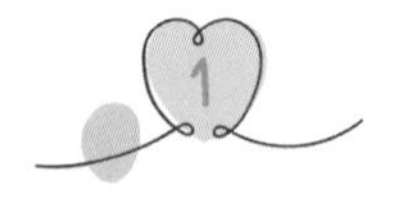

기다려주는 일

(아이가 요구할 때와 기다림을 알려주어야 할 때)

주말이 되면 아이들의 시간을 어떻게 채워줄지 늘 즐거운 고민을 한다. 이제 곧 유치원 방학이 시작된다. 3주 동안 아이들을 유치원에 보내지 않는 방학 기간은 오롯이 엄마하고 아빠가 그 시간을 아이와 함께한다. 한편으로 도전이기도 하고, 또 아이와 함께할 기회이기도 하다.

교회에서 집으로 가는 길에 방학 대비 새로운 교구로 채워 줄 물건을 사러 다이소에 갔다. 거기는 엄마 아빠는 값이 저렴하고 가성비 좋은 물건을 살 수 있는 곳, 아이들에게는 신기한 물건들이 즐비해 있어 구경만 해도 재미난 곳이었다. 더욱이 문구점에서는 볼 수 없었던 장난감들과 인형, 필기류도 잔뜩 있었다. 그래서인지 아이들은 다이소 가는 걸 무척이나 좋아한다. 오래간만에 갔기 때문에, 잔뜩 기대한 아이들에게 필요한 물건이나 사고 싶은 물건을 하나씩 사도록 했다. 꼭 장난감이 아니어도 된다고 일러주는 것도 잊지 않았다. 네 살이던 둘째 아이는 역시나 포크레인을 집어 들었다. 첫째는 신중한 성격이라 여러 개 중 하나를 고르는 일을 때때로 어려워하고 시간도 제법 걸린다. 오래 걸릴 누나를 기다리는 게 힘이 들 것 같아, 둘째가 집어 든 포크레인을 미리 계산하고 가지고 놀도록 해주었다. 손에 쥐어도 보고, 버튼을 눌러 소리도 내보고 이리저리 가지고 놀다 보니, 문득 친할머니가 크리스마스 선물로 사주신다고 약속한 커다란 소방차가 생각이 났나 보다. 할머니와 전화할 때면 크리스마스 선물로 그 커다란 소방차 이야기를 늘 해왔기 때문에 아이의 마음에는 기대와 기다림이 자리하고 있었다. 그 순간부터 아이는 그 소방차가 지금 당장 필요하고 바로 가지고 놀고 싶다며 찡찡대기 시작했다. 크리스마스까지는 아직 몇 개월이나 남았는데, 아이는 그때까지 기다리는 걸 힘들어했다. 조절이 되지 않은 감정은 이내 울음과 짜증으로 번졌다. 동시에 나는 아이의 감정에 휘

둘리지 않으려 애썼다. 어른도 기다리는 건 힘들 때가 있으니 아이는 오죽할까. 아이가 알아듣기를 바라며 내 딴에는 차분하게 말했다. 다른 사람도 함께 있는 장소에서 아이를 다그치는 건 되려 아이의 마음을 망가뜨릴 수 있으니까.

"기다리면, 받을 수 있는 거야."

"떼쓴다고 해결되지 않아."

"기다리기 힘들면 다른 자동차를 가지고 놀면 되는 거야."

나름의 질서를 주는 말들을 덧붙였다. 이런 말들로 아이가 진정이 된다면 얼마나 좋을까. 아이를 향해 이 상황을 이해하고 받아들일 수 있도록 여러 말을 해주었지만 커져버린 감정은 아이가 조절할 수 있는 수준을 이미 넘어섰다. 그때부터 연신 안아달라고 했다.내 미간은 찌푸려지기 시작했다. 그렇게 다이소에서도, 다이소에서 나와서도 뒤죽박죽이 된 아이의 마음은 쉽사리 진정되지 않았다. 우리는 급히 다이소를 나왔다. 아이 손에는 소방차 대신 아까 결제한 포크레인만 들려있었고, 돌아가는 내내 계속 훌쩍였다. 나는 훌쩍거리는 소리만 가득한 차 안에서 혼자 생각에 잠겼다. 이럴 땐 어떻게 해야 하는 걸까. 아이의 마음까지는 전달되지 않을 훈육의 말을 계속 늘어놓아야 하는 걸까, 아이와 나만 있는 장소에서 따끔하게 다그쳐야 했던 걸까? 떼쓰는 아이를 바라보는 내 마음은 무엇이었을까. 감정을 공감해 주며 아이의 마음이 편안해지기를 바랐을까? 아니면 칭얼대는 아이가 그저 멈추고 그 상황이 단지 빨리 끝나기를 바랐을까. 아이에게 향했던 차분한 내 말에는 어떤 감정이 실려있었을까. 나는 그냥 생각도, 훈육도 멈추기로 했다. 아이가 이해하길 바라는 내 말도 접어두고 그냥 안아 주기로 했다. 그렇게 아이의 등을 토닥이면서 마음을 어루만졌다. 그 상황을 해결해 주기보다, 감정이 진정되기를 기다렸다. 아이도 나도 아무 말이 없었다. 20분 정도 흘렀을까,

"아빠, 아비 이제 진정 됐어!"(아비는 둘째 아이가 스스로를 부르는 애칭이다.)

이제 진정됐다는 아들의 음성이 평온하게 들렸다. 아이는 아빠에게 내려 달라고 하고는 언제 그랬냐는 듯 기차놀이를 시작했다. 자기도 주체하기 힘든 감정이 마구 생겨날 때, 아이는 커져가는 감정을 멈추는 게 아직 미숙했다. 크리스마스가 될 때까지 소방차를 기다리는 건 더욱이 어려워했다. 아이는 기다리는 연습이 필요했다. 그런데 어쩌면 기다리는 일은 나에게도 필요했다. 아이의 감정을 기다리고, 숱하게 올라오는 아이를 향한 내 말을 뱉기 전에 아직 기다리고, 마구 커지는 아이의 감정이 가지런해질 때까지 기다리는 연습이 나에게도

필요했다.

*히브리어로 '카바'는 기다리다는 뜻을 가지고 있다고 한다. '카바'는 또 모으다는 의미를 가진 단어이기도 하다. 기다리는 일이란, 내 욕구를 참고 인내하며 아무것도 할 수 없는 수동적인 마음자세 같으면서도, 한편으로는 약속에 대한 소망을 모아두고, 그때 느낄 기쁨을 충분히 모으는 능동적인 행위라는 생각이 든다. 기다림 끝에 얻는 선물은 그만큼 달콤한가 보다. 나중에 아이에게 꼭 알려줘야지. 하성이는 크리스마스 때까지 소방차를 받기 위해 참고 있는 것뿐만 아니라 그때 더 많이 행복하기 위해서 차곡차곡 기쁨을 모으고 있다고. 아이를 기다려주는 건 아무것도 하지 않는 게 아니라, 기다림 끝에 아이가 보내줄 평온한 미소를 얻기 위한 마음을 모으고 있다는 걸 잊지 않기로 했다.

---

* 네이버

옐로카드, 레드카드

(아빠가 주는 경고)

연년생 두 아이는 서로가 놀이의 대상이 되기도, 때론 대화의 상대가 되기도 한다. 어떨 때는 다툼의 대상이다. 주로 조절하는 힘이 아직 더 필요한 둘째가 누나에게 심한 장난을 치거나 괴롭힐 때가 더 많다. 갈등이 생겼을 때 어떻게 알려줘야 두 아이가 흥분된 마음을 진정시킬지, 아빠의 말을 따르고 집에서의 규칙을 기억하고 적정선을 지킬 수 있는지 늘 고민이다.

놀이방에서 각자의 시간을 보내던 두 아이는 갑자기 하나의 장난감에 꽂혔고, 서로 가지고 놀겠다며 실랑이가 벌어졌다. 나는 아이들 사이에 갈등이 생겼을 때 바로 개입하지 않고 조금 더 지켜보고자 하는 원칙을 가지고 있다. 이는 갈등이 생겼을 때, 부모가 개입하지 않더라도 서로 양보하고 타협점을 찾는 걸 연습해 볼 수 있는 기회이기 때문이다. 무슨 일이 벌어지고 있는지 멀찍이서 지켜보다가 더는 안 되겠다 싶어 중재에 나섰다. 한 명씩 이야기를 들어보니, 누나가 가지고 놀던 장난감을 하성이도 가지고 놀고 싶어졌고, 조금 기다려 보라는 누나의 말을 듣지 않고 바로 하고 싶다며 뺏으려 했던 것이다.

"하성아. 그럴 때 친절하게 표현하는 것 기억해 보자."

"우리 집 놀이방 규칙은 물건을 던지거나 빼앗는 건 안 되는 거야."

"진정이 필요하면 하성이 혼자만의 시간을 가져도 괜찮아."

이렇게 규칙을 일깨워주기 위한 여러 말을 해보았지만, 흥분상태인 아이에게 울리는 꽹과리일 뿐이었다. 다른 방법이 필요했다. 서로 같은 장난감을 가지고 놀고 싶어 다툼이 있었고, 감정이 격해져 물건을 던지거나 할 때는 몇 마디 말로 절대 진정되기 어려웠기 때문이다. 그 순간, 아빠만이 해줄 수 있는 해결책이 떠올랐다. 아이를 품 안에 폭 안았다. 나는 다소 강하게 힘을 주어 아이가 팔과 다리를 조금만 움직일 수 있도록 한 뒤 아이와 함께 숫자를 셌다.

"하나, 둘, 셋, 넷, 다섯 --- 아홉, 열" 그때 아이도 숫자를 같이 셌다.

"하나아, 두, 센, 넨, -- 아옵, 여얼"

그리곤 그 상태에서 아이에게 물었다.

"하성아. 우리 집의 규칙이 뭐지?" 그럼, 아이는 조금 안정이 된 목소리로

"던지지 않는 거. 때리지 않는 거."

"좋아! 기억하고 지킬 수 있지?"

"네에."

아빠 품 안에서 팔과 다리가 묶여있으니 과한 행동이 점차 잠잠해졌고, 숫자를 세는 동안 흥분된 마음도 가라앉았다. 아빠가 주는 약간의 통제가 스스로 하기 힘든 몸과 마음 조절을 가능하게 한 것이다. 아이들은 아빠가 자기들을 팔로 꽁꽁 묶는 것이 게임 같았는지, 품 안에 있는 동안 키득거리기도 했다. 아이들과 함께 새로운 규칙을 정했다. 하나는 옐로카드를 받으면 숫자 열 번, 레드카드를 받으면 숫자 스무 번 세기. 그리고 이 카드는 오직 아빠만 줄 수 있다는 것. 말

로 알려주기 힘들었던 걸 아이들이 몸으로 느끼도록 하니까 다소 뿌듯했다.

그 일 뒤로, 카드를 부여하고 아이들과 숫자 세는 걸 몇 번 더 했다. 근데 문제 아닌 문제가 생겼다. 아이들이 아빠에게서 카드를 받는 것과 아빠 품 안에서 숫자 세는 걸 은근히 즐긴다는 것이었다. 카드를 부여하는 일이 생기는 건 달갑지 않았지만, 한편으로는 아이들이 아빠에게서 받는 경고와 통제를 자기 보호로 여기는 것 같아 다행스러운 마음이었다. 아빠가 주는 경고는 아이가 했던 행동에 대한 통제이지 행동을 한 아이에 대한 질책은 아니라고 느껴서였을까. **규칙이란 단어의 법규(規)를 파자하면 지아비 부(夫)와 볼 견(見)이 합쳐진 한자어다. 규칙을 정하는 어른(夫)의 올바른 안목(見)으로 해석할 수가 있다고 한다. 나름의 해석을 조금 덧붙이자면, 아빠(夫)가 정한 걸 아이들도 바라볼(見) 수 있는 것 같다. 더불어 아빠가 정한 규칙 그 너머에 있는 아빠의 마음까지도 아이들이 볼(見) 수 있었으면 좋겠다. 거기엔 통제를 넘어 보호가 담겨있음을. 바라기는 세월이 흘러 아이들이 청소년이 되고 더

** 출처: 네이버 한자

큰 잘못을 저질렀을 때 그걸 숨기지 않고, 아빠에게 카드를 들고 와서 잘못에 대해 통제 해달라고 했으면 좋겠다. 그리고 아빠 품 안에 잠시 머물렀다가 다시 죄책감에서 벗어나 자유로운 마음으로 날아오르기를 바란다.

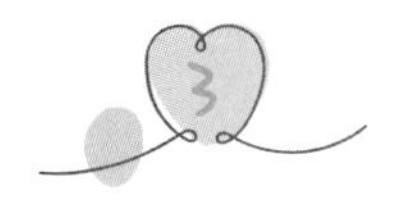

핑크 카드

(하성이가 만나는 여러 감정)

하성이는 네 살과 다섯 살 사이, 몸이 커지고 힘도 세지는 시기를 지나고 있다. 남자아이라서 때로 과격한 행동을 한다. 뭐가 뜻대로 잘 안되면 소리를 지르거나, 옆에 있던 누나를 강하게 밀치기도, 손에 잡히는 물건을 다른 곳으로 던지기도 한다. 힘으로 누르려는 건 남자의 본성인가 싶다. 아이의 과격한 행동을 보면서 아내는 들릴 듯 말 듯 한마디 슬쩍 던진다.

"아빠는 굳이 안 닮아도 되는데.."

아이의 과한 행동이 짠하게 느껴지는 건, 그 안에서 내 모습을 보았기 때문일 것이다. 한 번은 하성이가 누나와 영상

시청을 할 때, 또 큰 소리가 터졌다. 하루 중에 잠깐, 나는 육아로 지친 숨을 고르기 위해 아이들에게 영상을 보여준다. 보통은 하성이가 보고 싶은 걸 먼저 고르고, 그다음은 누나 차례다. 첫 번째 영상이 끝나고, 누나가 선택할 차례가 되자 하성이는 자기가 고르고 싶은 영상을 슬쩍 말한다. 누나가 그걸 선택할지 만무하다. 뜻대로 되지 않은 상황, 하성이는 소리를 지른다.

"아니야!!!"

나와 아내는 그런 아이의 행동이 누나로부터 살아남기 위한 연년생 동생의 생존본능 때문인지, 다섯 살 아이가 겪는 불균형 때문인지, 남자아이라면 누구나 가지고 있는 일종의 폭력성(?) 때문인지, 그냥 졸려서 그런 건지 고민이 깊다. 우리 두 사람 사이에 합의된 해결책이 생길 때까지는 지켜보기로 한다. 나는 아이들 사이에 다툼이 생겼을 때면 그 자리에서 해결이 어렵기 때문에 아이를 포옥 안고 바람을 쐬러 나간다. 집안에서와는 다른 바깥바람이 아이의 마음을 차분하게 해주기 때문이다. 나가자마자 하성이는 언제 그랬냐는 듯이 싱긋 웃어 보인다. 언제 그랬냐는 듯이. 그런 아이를 보고 있노라면 뭐랄까, 어떤 커다란 감정이 하성이를 훑고 지나간 느낌이 든다. 한 번은 이런 일도 있었다. 엄마 없이 아이들을 태우고 하원하던 길이었다. 하성이는 갑자기 안전벨트를 풀고 싶다고 외친다. 아이는 안 되는 건 줄 알면서도 무작정 요구한다. 그러다 갑자기 엄마를 데리러 가고 싶다고 보채고, 안아 달라며 울부짖는다. 운전 중이라 아이를 안아줄 수도 없고, 눈물, 콧물 쏙 빼며 울고 있는 아이를 진정시킬만한 적당한 말도 떠오르지 않는다. 나는 아이의 울음엔 나름의 이유가 있다는 생각에 억지로 멈추게 하지 않는다. 어른도 울고 싶을 때 울고 나면 마음이 차분해지니까. 나는 한참 동안 한 손으로는 운전대를, 다른 한 손으로는 아이의 손을 잡아준다. 아이의 울음소리가 잠잠해질 때 즈음, 전날 밤에 우연히 봤던 영상이 떠오른다. 훈육에 관한 영상이었다. 아이에게 '단호하게 알려주는 것'과 '강압적인 태도로 아이에게 말하는 것'의 차이를 설명해 주는 영상.

* 단호하게 알려주는 것은 아이의 행동만을 교정해 주는 것.
* 강압적인 태도로 말하는 것은 아이의 행동뿐만이 아니라, 아이가 현재 보이는 감정, 태도 그 밖의 것들까지 모두 교정해 주려는 것.

나는 영상 덕분에 단호한 태도를 잃지 않고, 훌쩍이는 아이에게 적당한 어조로 말한다.

"하성아. 아빠가 지금은 운전하고 있으니까 안아줄 수가 없어. 그러니 안전하게 앉아 있어야 해. 그리고 지금은 엄마를 데리러 가는 시간이 아니야. 대신, 울고 싶으면 울어도 돼."

아빠가 보이는 단호한 태도는 아이에게 적절한 울타리가 되어준 듯싶다. 아이는 내 손을 꼭 잡고 울다가 잠이 든다. 차를 잠시 세운다. 아이얼굴에 있던 눈물 자국과 내 손안에 들어온 아이의 작은 손을 가만히 바라본다. 앞서 아이가 외쳐 댔던 요구가 다르게 들리기 시작한다.

"아빠. 지금 나한테 또 이런 감정들이 찾아왔어요. 근데, 나는 이 감정들을 조절할 수가 없어요. 도와주세요."

그날 밤, 나는 언제나처럼 아이의 발에 로션을 발라주고 함께 나란히 잠자리에 눕는다. 잠들기 전에 아들과 나누는 잠자리 대화. 아이들은 잠들기 직전에 봤던 이미지와 들었던 음성으로 스토리를 만들어 그날의 일을 장기기억으로 만든다고 한다. 아이의 하루가 따뜻하게 기억되길 바라는 마음으로 이야기를 나눈다.

"하성아. 오늘 하성이가 여러 번 소리 지르고 아빠에게 카드 받았었지?"

"응."

"근데, 아빠가 보니까 하성이가 소리 지르는 거는 하성이도 모르는 커다란 감정들이 찾아와서 그런 거야. 하성이 마음의 크기보다 더 큰 감정들이야."

"아. 그래서 하성이가 소리 질렀던 거야?"

"응. 그러니까, 조절이 힘들 때는 아빠에게 도움을 요청하면 돼. 알겠지?"

"응."

아이는 그날의 경험에 어떤 스토리를 입혀서 기억할까? 정말 다음번에 비슷한 상황에서도 내게 도움을 요청할 수 있을까. 얼마 전에 아이들과 함께 만들었던 규칙, 옐로카드와 레드카드. 아이는 오늘도 내게 카드를 받았다. 흥분한 아이들이 내 품에 안겨서 숫자를 함께 세면서 몸과 마음이 차분해지는 건 분명 효과가 있었다. 다만, 노랗고 빨간 카드에는 아이에게 잘못된 행동을 했다는 사실만을 상기시킨다는 것, 부정의 의미만 담고 있는 게 마음에 걸렸다. 새로운 카드가 필요했다. 긍정을 담은 카드.

"하성아! 하임아! 아빠가 옐로카드와 레드카드 말고 새로운 카드를 만들려고 해. 이름은 핑크카드야!"

"오!! 그게 뭔데?"

"옐로랑 레드카드는 아빠가 주는 거잖아? 핑크 카드는 하임이랑 하성이가 아빠에게 쓸 수 있는 카드야. 언제 쓰냐면 마음에 충전이 필요할 때 아빠한테 핑크 카드를 내밀어. 그럼 아빠는 무슨 일이 있어도 이렇게 웃으면서 꼭 안아줄게! 그리고 일곱을 세는 거야!"

"우와!! 그거 같이 만들자!"

아이들이 아빠에게 핑크 카드를 내밀어서 도움을 요청하다보면, 진짜 마음에 진정이 필요한 순간에도 카드를 내밀 수 있을 거라고 생각했다. 아이들은 소리 지르고 때리는 행동을 해서 아빠에게 경고만 받는 수동적인 존재가 아니라 때로는 자기 마음을 조절하기 위해 카드를 내밀 수 있는 능동적인 존재라는 걸 알았으면 했다. 더불어 핑크 카드 덕분에 나도 아이들을 보며 웃게 되고 마음을 새롭게 정돈할 수 있을 거라 생각했다. 핑크 카드가 짊어진 짐이 제법 무겁지만, 그리 어둡지는 않았다.

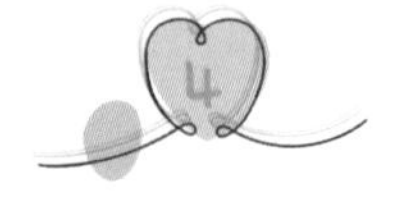

어쩌다 은행장이 된 아빠

(젤리를 끊어야 할 때)

"어!?!? 하성이 앞니가 예전보다 더 많이 녹았어!!"

아내가 놀란 목소리로 외쳤다. 아이들 잠들기 전에 양치를 시켜주다가 보니 치아 상태가 심상치 않았나 보다. 나는 최대한 덤덤한 표정으로 아이 이를 보러 갔다. 엄마가 놀라 외쳤는데, 아빠까지 덩달아 흥분하면 겁이 날게 뻔했기 때문이다. 하성이는 입을 크게 벌렸다. 아이는 불안한 눈으로 아빠의 반응을 기다렸다. 아빠에게서 "괜찮다."라는 말을 기다렸을지도 모르겠다.

"음... 그렇긴 하네. 근데 다시 젤리 안 먹고, 양치질 잘하면 괜찮을 거야!"

치아에는 최악이라는 젤리는 어쩌다 만들어졌을까. 아니, 젤리 말고도 치아에 최악인 것들은 왜 이리도 맛있을까. 우리는 치과에 다녀올 때마다 간식을 조절하자고 다짐했지만, 며칠 되지 않아 흐지부지되곤 했었다. 나는 지나간 건 잊고, 아이들하고 새로운 다짐을 했다. 젤리를 먹지 않기로 했다. 아이들이 더 잘 기억할 수 있도록 아이의 눈을 보며 반복해서 말했다. 다짐이 있고 나서 며칠 후, 유치원을 마치고 온 하성이가 엄마를 보자마자 외쳤다.

"엄마. 하성이 오늘 운이 젤리 안 먹었어! 엄마가 안 된다고 해서 안 먹었어."

"오!? 정말?? 엄마, 아빠랑 했던 약속을 기억하고 지켰던 거야? 어머나, 지키기 힘들었을 텐데, 더구나 하성이가 젤로 좋아하는 친구 운이가 주려고 했다면서. 하성이 정말 대단하다아~~!"

하성이는 유치원에서 운이를 제일 좋아한다. 하성이와 잠자리 대화에 운이가 등장하곤 한다. 그 아이가 하성이에게 젤리를 건넸나 보다. 근데, 하성이가 그걸 거절했다는 이야기를 듣고 우리 부부는 퍽 감동했다. 나는 새삼 하성이의 만족지연

능력이 이렇게나 높았는지 생각했다. 엄마, 아빠와 했던 약속을 기억하고 결정적인 순간에 그 약속을 떠올리고 지켜낸 아들. 나는 아이를 향해 연신 대견하다는 눈빛을 보냈다. 그날 저녁, 엄마는 젤리의 유혹을 이겨낸 하성이에게 그날의 영웅담을 또 물었다.

"하성아! 근데 정말, 어떻게 그걸 참아낸 거야? 힘들었을 텐데, 우리 아들.."

"운이가 젤리를 가지고 와서, 하성이가 물어봤어."

"엥? 하성이가 운이 한테 물어봤다고?"

"응! 하성이가 운이한테 젤리 먹고 싶다고 했는데, 운이 엄마가 주면 안 된다고 했나 봐. 그래서 못 먹었어!"

"아. 그런거였어어~~?ㅋㅋㅋㅋㅋㅋ"

그 영웅담의 실체였다. 하성이가 거절한 줄로만 알았는데, 알고 보니 운이가 줄 수 없다고 했던 거였다. 엄마가 안 된다고 했다는 말은, 운이 엄마가 다른 친구들에게 주는 건 안 된다고 했다는 걸 들은 운이 말이었다. 하성이는 머쓱하게 웃었다. 엄마 아빠의 빵 터진 웃음소리에 자기도 덩달아 웃었다. 어찌 되었든 젤리를 먹지 않은 것은 다행이니까, 그 밤은 그걸로 만족했다.

그로부터 며칠 후, 하성이가 또 외쳤다.

“아빠! 오늘 하성이, 영어 시간에 젤리 안 먹었어!”

“어? 정말? 영어 선생님이 수업 시간에 젤리를 나누어줬는데, 하성이만 안 먹었어?”

“응!”

“우와~!!! 진짜, 대단하다..!! 하성아!”

나는 이번엔 제대로 된 영웅담인지 사실확인을 위해 영어 선생님에게 물었다. 선생님 말로는 영어 시간에 수업 아이템의 일환으로 한 명씩 젤리를 나누어주었는데, 다른 친구들이 다 받아서 먹는 동안 하성이만 끝까지 안 먹겠다고 했다는 것이다. 와! 젤리를 먹는 친구들 사이에서 혼자 앉아 참아냈을 하성이가 떠올려지니 괜히 더 감동이고 뭉클했다. 엄마랑 아빠가 말해줬던 걸 기억했을 테니, 아이가 참 기특했다.

“하성아! 정말 대단하다.. 참기 힘들었을 텐데, 엄마랑 아빠랑 했던 약속을 기억했구나!”

“아빠! 그 젤리 여기 있어! 이거 바꿔주세요!”

하성이는 선생님에게서 받았던 젤리를 먹지 않고 싸가지고 와서는 바꿔달라며 건넸다. 나는 아이들과 한 가지 약속을 더 했다. 누군가에게 받은 선물 중에 젤리나 사탕이 있을 경우 잘 모아놨다가 동전과 교환해 주기로 했다. 아빠는 ‘젤리

은행장'이 됐다. 아이들이 아빠 은행에 와서 모아둔 젤리를 건네면, 나는 개수와 양을 따져 동전으로 바꿔주었다. 아빠, 엄마가 그 간식을 사주지 않더라도 다른 분들이 아이들에게 젤리를 건네면 거절하기도 어렵고 참 난처했었다. 젤리은행이 난처함을 해결해 주었다. 다른 사람이 아이들에게 젤리를 선물했을 때 그냥 감사한 마음으로 받기로 했다. 아이들은 젤리를 먹지 않고 기다렸다가 '아빠 은행'에서 동전으로 바꿀 수 있으니까 좋고, 한편 아이들이 젤리를 먹지 않고 기다리며 '만족지연능력'을 기를 수 있겠다고 생각했다. 그렇게 어쩌다 보니 나는 은행장이 되었다.

"자! 젤리를 동전으로 교환할 사람 오세요~!!"

"네~~!! 여기요!"

"특별히 이번 젤리는 엄마와 아빠랑 했던 약속을 지키려고 노력했기 때문에 지폐로 교환해 주겠습니다!"

하성이는 지폐는 동전이 열개와도 같다는 엄마의 설명을 들으면서 꾸깃꾸깃 접어 노란색 자기 지갑에 넣었다.

누나 몸, 내 몸

(너도 정말 특별해!)

"아빠~~ 하성이가아~ 하이미가 싫다는 걸 자꼬 해~~"

하임이가 SOS를 외친다. 우리는 6살이 된 하임이에게 자기 몸을 소중히 하는 걸 알려주고 있다. 그래서인지, 하임이는 늘 해왔던 하성이의 장난이 싫었나 보다. 상황은 샤워를 마치고 나온 누나의 엉덩이를 하성이가 막 보려고 했던 것이다. 누나가 자꾸만 더 가리고, 지키려고 하니까 더 하고 싶었을 것이다. 원래 동생은, 특히 남자 동생은 누나가 하지 말라고 하면 더 하는 법이다. 아내는 남자들은 왜 하지 말라면 더 하냐며 괜히 나를 바라본다. 하성이의 피가 나에게서 왔으므로 이럴 때는 딱히 할 말이 없다. 어찌 되었든 하성이에게 잘 알려줘야 하므로 아이에게 시선을 돌린다. 하성이는 여전히 장난기 가득한 얼굴이다. 나도 덩달아 피식 웃다가 다소 심각한 두 여인의 눈빛을 느끼고는 적절한 중재에 나선다.

"하성아. 우리 아들! 누나가 싫어하는 행동은 하지 않는 거야~!"

아내는 자기가 엄마로부터 배웠던 대로 하임이를 신경 써서 보살핀다. 자기 몸을 소중하게 해주는 엄마의 손길은 아이 스스로도 그렇게 하도록 도울거다. 엄마의 특별한 보살핌은 더 있는데 아침에 직접 하임이 엉덩이를 닦아주거나, 샤워할 때면 아이 전용 비누를 사용해서 씻겨주고, 꼭 속옷과 속바지를 챙겨서 입히는 것이다. 우리는 이렇게 딸아이의 몸을 소중히 해주는 게 당연하다고 여겼다. 아들은 특별히 신경 쓸 일이 그다지 없다고 생각했다. 며칠 뒤, 일요일 아침, 샤워를 마치고 나온 하이미의 SoS가 또 들린다.

"아빠~~하성이가~~또 그래~~!"

하임이는 수건으로 자기 몸을 열심히 두른 채, 내게 도와달라 한다. 하성이는 여전히 장난기 가득한 얼굴이다. 나는 하성이를 번쩍 들어 안고는 다른 곳으로 자리를 옮긴다. 아내는 나에게 슬쩍 이렇게 말했다.

"자기야. 아빠가 하성이한테 남자 대 남자로 잘 알려줘야 할 것 같아. 제대로."

"응. 알겠어!"

아내의 최후통첩과 같은 말, 남자 대 남자로 알려주라는 말에 자신 있게 대답을 해본다. 그렇다고 좋은 해결책이 떠오르지는 않는다. 이미 여러 차례 하성이에게 누나의 몸을 소중하게 해야 한다는 말과 함부로 해서는 안된다는 말을 했었다. 해야 될 것, 안 해야 될 것을 되풀이한다고 아이의 행동이 고쳐지지 않을 것이다. 무서운 눈으로 단호하게 말하는 것도 일시적으로는 효과가 있겠지만 적절해 보이지는 않는다. 나는 아이의 행동을 제지하는 말, 안된다는 말 대신에 이렇게 돌려서 말해보기도 한다. 하성이의 남자부심을 건드리는 말이다.

"오! 하성아! 하성이 힘이 센 거 알지? 그러니까 그 힘으로 누나 몸을 소중히 해주는 거야!"

이렇게 다른 대안을 제시하는 말은 아이가 가진 에너지를 더 좋은 방향으로 사용하도록 도와주곤 했다. 이번에는 이 말도 아이의 마음을 시원하게 해주지 못한다. 누나는 자기보다 힘이 약하지 않을뿐더러 자기가 힘이 센 것과 누나 몸을 소중하게 해주는 것 사이의 상관관계를 이해하지 못한 것 같기 때문이다. 우리는 하성이 시선에서 한번 생각해 보기로 한다. 엄마, 아빠가 누나 몸을 특별히 더 신경 쓰는 것 같고, 씻겨주기 위한 전용비누도 주문해 주고, 씻겨줄 때는 아빠가 아닌 꼭 엄마의 손길로만 해주는 그 일을 바라볼 때 하성이는 어떤 마음일까? 자기는 가지지 못한 특별한 걸 누나는 가지고 있다는 마음일 것이다. 그게 누나의 몸이니까 더욱 부러웠겠다. 자기도 누나처럼 똑같이 몸에 지니고 싶지만 그럴 수 없으니 자꾸 건드리고 싶고 장난을 치고 싶던 게 아니었을까? 더구나 자기가 장난을 칠 때면 엄마, 아빠가 더 신경을 쓰고 타이르니 누나가 가진 게 더 특별해 보였을 것이다. 그래서 하지 말라는 말이 효과가 없던 것이다. 나는 하성이도 누나만큼이나 특별한 걸 몸에 지니고 있다고 알려주기로 한다. 하성이만 가지고 있는 소중한 것.

"하성아! 하성이 몸에 얼마나 특별한 게 있는 줄 알아? 누나에겐 없는, 하성이만 가지고 있는 거야! "

하성이 몸이 얼마나 멋지고 아름다운지 알려준다. 우리는 하성이 몸을 씻겨 줄 특별한 비누도 주문해 주겠다고 했다. 하성이의 시선이 자연스럽게 누나 몸에서 자기 몸으로 옮겨지는 것 같다. 누나 몸처럼 자기 몸이 특별해지니까 아이가 좋아한다. 몬테소리 교육에서는 [***] 인간은 자신의 생활 방식이 존중받으면 다른 사람의 생활도 존중하게 된다고 한다. 어린이가 자기 활동 리듬을 존중받게 되면 어린이 내부에는 차츰 주위의 생활 리듬을 따르려는 의지가 길러지게 된다는 것이다. 하성이는 누나처럼 자기도 특별해지고 싶은 욕구가 있던 것이다. 그건 누나가 엄마, 아빠에게서 받는 관심과 보살핌을 자기도 누리고 싶은 마음일 것이다. 그 마음을 꺾지 않기로 해본다. 아이의 마음을 존중하고 이해하며 그 마음이 다른 사람이 아닌 자기 몸을 향하도록 도와준다면, 하성이도 누나 몸을 특별하게 대해줄 것이다.

*** 「엄마와 아이를 빛나게 하는 몬테소리의 메시지」 / ㈜ 한국 몬테소리

더불어 사는 법

하성이가 누나를 밀친다. 벌써 몇 번째다. 하성이는 누나를 힘껏 밀쳐내고는 씨익 웃고 있다. 누나랑 몸으로 하는 장난을 하고 싶은 모양이다. 반면에 하임이는 몸으로 장난치는 걸 좋아하지 않아 하성이가 자꾸 건들면 힘들어한다. 연년생 남매, 한 살 차이지만 누나는 동생보다 말도 잘하고, 글씨도 훨씬 잘 쓰며, 종이접기도 잘한다. 하성이는 그런 누나를 자꾸만 툭툭 건드린다. 나는 하성이 속마음이 무엇일까 생각해본다. 내가 보기에, 누나보다 유일하게 잘하는 것이 힘이 세다는 걸로 결론을 내리고는 그걸로 누나를 넘어서려고 하는 것 같다. 동생이 살아남기 위한 방법 같기도 하다. 두 아이를 가만히 지켜보다 내 어린 시절이 떠오른다. 나는 두 살 터울의 누나하고 자주 다투었다. 그 시절의 나도 누나에게 말로는 절대 이길 수 없으니, 괜히 힘으로 억지 승리를 이루려 했었던 것 같다. 뭐, 누나에게 내가 더 힘이 세다는 걸 증명했어도, 누나는 패배를 인정하거나 하지 않았다. 누나는 오히려 내게 이렇게 말했다.

"넌 남자가 치사하게 힘으로 하냐, 그게 진짜 비겁해!"

이 말을 듣고 나면 내가 괜히 진 것만 같았다. 누나 덕분에(?) 힘을 막 사용해서는 안 되는 건 알았지만, 어떻게 사용하는지 몰랐다.

나는 아이들 사이에 이런 갈등(누나가 싫어하는 걸 동생일 했을 때)이 생기면, 하성이를 데리고 집 밖으로 잠시 나간다. 하성이와 나는 우리가 진정바위로 부르기로 한 커다란 바위에 앉아 숨을 고른다. 하성이는 아빠에게 안겨 집 문을 나서면서부터 히죽거리며 웃고 있다. 진정바위에 앉아서 숫자를 세거나, 몸으로 심한 장난을 하면 안 된다는 걸 일러준다. '남자, 힘, 비겁함' 같은 말은 아직 아껴둔다. 이렇게 잠시 거리 두기를 하고 나면 상황은 어느 정도 해소 되지만, 진정바위를 다녀오고 나서도 하성이의 장난기가 사그라들지 않아 또 누나를 건드리게 될 때가 있다. 지난 주말 오전이었다.

"하지 말아 줄래! 하! 지! 말! 아! 줄! 래!!"

하임이는 자기 딴에 최대한 친절하고 단호하게 표현한다. 또 하성이는 힘으로 표현하면서도 여린 마음이어서, 누나의 단호한 말에 또 상처받고는 울음이 터진다.

"누나가 안 친절하게 말했어. 누나 싫어, 누나 평생 미워할 거야. 누나 감옥에 가버려. 누나 맨날 싫어."

하성이도 질세라 누나를 향한 가장 심한 말을 쏟아낸다. 말도 폭력성이 가득하다. 하임이는 '5가지 사랑의 언어' 중 '인정하는 말'이 사랑의 언어다. 하성이의 거친 말은 하임이의 마음을 너무도 아프게 하고, 그렇게 말하지 말라며 울음을 터뜨린다. 두 아이의 울음소리가 온 집에 가득하다. 어느 아이부터 안아줘야 할까. 나는 조금 먼발치에서 재빨리 양측의 과실을 따진다. 그래야만, 누구 한 명 서운하지 않게 상황을 해결할 수가 있기 때문이다. 이번 건은 양측 과실 5대 5로 해결한다. 몸으로 표현하는 하성이의 장난은 이렇듯 더 큰 어려움을 초래할 때가 있다. 그렇다고 하성이만 탓하기는 어렵다. 하성이가 자기 행동을 조절하는만큼 하임이도 자기 마음을 넓혀야 하니까. 세상에는 여러 종류의 사람들이 있고, 그중에는 동생처럼 에너지가 넘치는 사람이 있고, 자기와 같이 언어로 표현하는 걸 좋아하는 사람이 있는 반면 그게 서툰 사람도 있다기 마련이니까. 나는 혼자서 곰곰이 생각에 잠긴다. 어떻게 하면 이 문제를 해결할 수 있을지 고민한다. 나는 어디선가 배운 대로, 아이에게 잘못을 지적할 때는 최대한 감정을 배제한 채로 그 잘못된 행동만을 짚어주고 있다. 그런 행동은 옳지 않으며, 또다시 해서는 안 된다고. 우리 집에서의 규칙을 기억해 내라고 반복해서 말한다. 그러다 나중에는 그런 말이 별 소득이 없었던 이유에 대해서도 생각한다. 여러차례 지적하는 게 아이에게 이렇게 들리지는 않았을까 떠올리면서

'너는 지금 조절이 안 되고 구나. 너는 조절을 못 하는 아이야.'

누나가 내게 했던 그 말과 내가 하성이에게 하는 말이 별 차이가 없다는 걸 알게 된다. 나는 누나에게 무력을 행사하고 났을 때 비겁한 사람이 되었었고, 하성이도 조절하지 못하는 사람으로 만들어졌다. 내가 하성이에게 바랐던 건, 에너지가 넘치는 이 아이가 스스로를 '잘못된 행동을 하는 사람'으로 인식하는 게 아니라, '넘치는 에너지를 올바로 사용하는 사람'으로 여기는 것이다. 너무 아이에게 줄곧 안 된다는 말만 반복했다는 걸 알게 된다. 너의 에너지를 다른 방식으로 써보라며 창의적인 대안을 제시해 주지는 못 했었다. 생각을 마치고는 하성이를 부른다. 나는 아이에게 이렇게 말한다.

"하성아! 아빠가 보니까, 하성이 몸이 엄청 커지고 힘도 무지 세지고 있네! 그 힘으로 누나를 지켜주는 거야! 누나가 위험에 처하면 엄청 빨리 가서 도와주고, 무찌르는 거야!"

우리는 하성이가 누나를 밀치는 대신 다르게 표현했을 때 무한 칭찬을 부어준다. 아이 입가에 미소가 번진다. 스스로 뿌듯해하는 게 느껴진다. 하성이는 자기 힘을 어떻게 사용해야 하는지 천천히 깨달아 갈 것이다. 한편, 하임이 에게는 이렇게 말해주려 한다. 아이에게 친절한 사람은 좋은 사람, 불편하게 하는 사람은 꼭 나쁜 사람이 아니라고. 아이가 다양한 사람들과도 함께 어울려 지낼 수 있는 내면을 가진 사람으로 자라기를 바라면서.

제4장

그림책으로 알게 된 마음

아빠와 그림책

(그림책 《작은 눈덩이의 꿈》)

그림책은 참 매력적이었다. 미취학 연년생 아이들과 함께 보냈던 시간. 그 시간은 나를 도서관으로, 도서관 내에 따로 마련된 유아 도서 코너로 늘 이끌었다. 그렇게 마주하게 된 그림책이 점점 좋아졌다. 무엇보다 글밥이 적어서 부담이 없었다. 글과 그림이 사이의 여백이 좋았고, 그 지점에서 쉬는 것만 같았다. 때로 어떤 장면에서는 깊은 생각에 잠기게 될 때도 있었다.

'그림책이 이렇게 깊이 있다니...'

나는 남자이고, 운동을 좋아하며, 특공대 장교 출신의 아빠이지만 어떤 그림책을 읽고 나서는 눈물을 훔친 적도 있었다. 다행히 아이들에게 들키지는 않았다. 코만 훌쩍거리는 소리가 났을 뿐. 그림책은 자꾸만 내 마음을 만져주었다. 아이들에게 읽어주기 위해 골랐던 그림책들은 이제 내 내면을 읽어주는 도구가 되었다. 그림책을 접하다 보니 그림책 심리지도사라는 걸 알게 되었고, 그림책을 더 자세히 알고 싶어 공부를 시작했다. 그림책을 공부까지 하게 되면 더 좋은 아빠가 될 것 같아서이기도 했다.

사람은 살아가면서 각기 다른 경험을 하기 때문에 경험으로 만들어지는 무의식도 모두 다르다고 한다. 그래서 그림책의 몇 마디 말과 그림이 무의식과 만나게 되면 수많은 Story들이 생긴다. 이 story들 중에는 마음속에 담아두지 않고 꺼내야만 하는 것들이 있다. 상담(談)의 담을 나타내는 한자어는 말씀을 나타내는 언(言)과 불꽃 염(炎)자가 합쳐진 단어라고 한다. 즉, 상담이란 마음에서 타고 있는 불꽃을 말로 풀어내고, 나눈다는 의미이겠다.* 나는 '자기 마음을 설명해 내는 그 말'이 학습이 필요한 또 다른 언어라고 생각한다. 한국인

---

* 그림책 심리 성장 연구소, 2급 심리지도사 과정

이어서, 한국말을 모국어로 사용한다고 해서 내 마음 상태를 한국말로 쉽게 표현할 수 있는 것은 아니다. 오늘따라 울적한 내 마음을 '우울', '멜랑꼴리', '저기압' 등의 단어들로는 말할 수 있지만, 이 울적한 마음이 어떤 사건과 연관이 되어 있는 건지 아니면 어떤 인물과 연관이 되어 있는 건지 또는 어릴 적에 경험한 어느 사건, 그 사건 속 누구와 연관이 되어있는지 살펴봐야 한다. 말로 설명해 내는 건 또 다른 문제다. 한편 내 마음속에 무언가가 타고 있는 것 같은데 명확하게 모를 때가 있다. 마음속에 있는 그 뜨거운 불이 내 마음에도 곁에 있는 누군가에게도 화상을 입힐 만큼 위험해서 그걸 밖으로 꺼내야 살 수가 있다. 문제는 그게 명확하게 어떤 감정인지를 모르는 채 살아간다는 것이다. 그림책 심리 성장 연구소, 2급 심리지도사 과정

그림책의 말과 그림 그리고 그림책에서 만나는 인물이 만들어내는 서사는 내 마음속에서 뜨겁게 타오르고 있는 화(火)를 입 밖으로 표현해 내는 언어가 되어주고, 마음 한편 어딘가에서 자취를 감춘 채 타고 있는 화(火)를 조금 더 선명하게 보여주는 도구가 되기도 한다.

그림책을 깊이 마주했던 과정은 기다란 산책과도 같았다.

산책을 떠나며 만난 그림책이 있었다. 이재경 작가의 《작은 눈덩이의 꿈》. 이 그림책은 구르고 굴러서 커다란 눈덩이가 되고 싶은 작은 눈덩이의 여정을 담고 있다. 작은 눈덩이게는 부럽기만 한 크기를 가진 커다란 눈덩이와의 만남으로 이야기는 시작한다. 큰 눈덩이는 자기를 보며 신기해하고 부러워하는 작은 눈덩이를 보며 어릴 적 자신의 모습을 보았을까? 자기도 큰 눈덩이가 되고 싶다는 아이의 말에 큰 눈덩이는 이렇게 답한다.

"구르면 된단다."

여백이 가득한 큰 눈덩이의 대답을 잠시 생각한다. 목적지를 정해주지 않고, 길을 일러주는 것도 아니며, 누구와 동행해야 하는 지 말해주지 않는다. 왜 큰 눈덩이는 작은 눈덩이에게 자세한 설명을 해주지 않았을까? 나는 큰 눈덩이가 아직 작은 그 아이를 위해 설명을 아껴둔 게 아닐까 생각한다. 작은 눈덩이가 홀로 겪어야 하는 시간 오롯이 만들어 낼 이야기를 위해서. 마치 하얗게 눈이 내린 날 나 말고 다른 누군가가 걷기를 바라며 발자국을 남기는 걸 아껴두는 것처럼. 작은 눈덩이는 이제 자기만의 인생길을 지난다. 구르는 게 때로 힘들 수 있고, 언젠가는 어디로 굴러가야 할지 몰라 헤맬 수 있으며, 눈덩이가 가는 길을 자기도 이미 가봤다며 의심하는 다른 눈덩이들을 만나게 되기도 하다. 답을 알고 있지 않기에 스스로 걸어야 하는데, 열심히 구르는 동안 작은 눈덩이가 걸어온 길은 또 다른 눈덩이들에게 이정표가 된다. 작은 눈덩이의 시간이 눈덩이를 꼭 커다랗게 만들어주지 않을지도 모른다. 다만, 작았던 그 아이를 단단하게 만들어 줄 것은 분명하다.

작은 눈덩이의 질문에 큰 눈덩이는 자신이 지나온 시간이 주마등처럼 스쳐 지나갔을 수도 있다. 나는 큰 눈덩이의 배려 깊은 안내를 보며 아이들에게 어떤 아빠가 되어주어야 할지 생각한다. 상담가로서의 아빠.

"아빠! 어떻게 살아야 해?"

나도 언젠가 아이로부터 이런 질문을 받게 될까. 아니 받고 싶다. 아이가 어디로 가야 할지 몰라 막막할 때 마음을 터놓을 사람이 아빠였으면 좋겠다. 나는 아직 '구르면 된다'는 큰 눈덩이의 대답처럼 아이에게 들려줄 담백한 답이 없다. 다만, 아이들이 걸어야 할 자기만의 걸음, 그 걸음이 만들어 갈 길, 그 길 다음에 만날 숱한 경험을 지나면 어느새 스스로 단단해져 있을 거라고 알려주고 싶다. 하얀 눈밭에 아빠가 대신 발자국을 남기는 게 아니라 자기만의 걸음으로 스스로의 흔적을 남기기를 바란다.

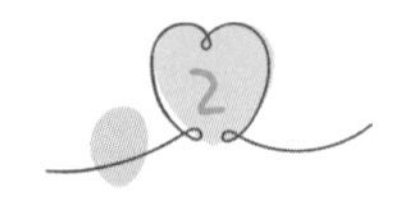

다시 의미가 되는 일

(그림책 《너를 보면》)

10월 여름 끝자락에 우리는 포항 바닷가로 떠났다. 바다를 좋아하는 엄마를 아이들도 무척 닮았다. 바다가 아이들을 기다렸나 보다. 그때의 바다는 아직 그리 춥지 않았다. 인적이 드문 바닷가를 찾았고, 아이들은 양말부터 벗어 던졌다. 아이들은 이미 다 젖겠지만 열심히도 자기 바짓가랑이를 접어 바다로 성큼성큼 들어갔다. 잔잔한 파도가 아이들의 발바닥을 간지럽혔다. 아이들의 까르르 웃는 소리가 파도와 겹쳐져 들렸다. 한창 바다를 누리던 아이들은 파도가 만든 둥근 돌을 하나둘 수집하기 시작했다. 하나씩 줍다 보니 빈 통을 하나

가져와 담아야 할 만큼이나 많아졌다. 아이들은 돌을 가득 담은 통을 '돌 수집 목록'이라 이름 붙였다.

"엄마! 내 돌 수집 목록 챙겼지?"

"그럼, 당연하지!"

그때부터 돌 수집 목록은 우리의 동선과 늘 함께 했다. 우리가 지낼 숙소 한편에 있었고, 여행을 마치고 돌아가는 길에도 아이들 옆에 나란히 있었다. 자기가 직접 손으로 주워 모은 돌이 그렇게나 소중했을까. 모래 속에 숨어 있던 돌을 자기 손으로 집을 때마다 돌과 아이 사이에는 조그만 라포가 만들어졌나 보다. '돌수집목록'은 집 선반에 가지런히 놓인 다른 장난감들 사이에 자기 자리를 차지할 것이다. 그건 아이들의 관심에서 잠시 벗어나 있을 수도 있다. 그러다 아이들이 문득 선반에 놓인 돌을 만졌을 때 우리가 갔던 바다를 떠올릴 테고, 스스로 돌을 주웠던 순간과 돌과 함께 만들었던 라포를 기억할 것이다. 피터레이놀즈 작가의 그림책 《너를 보면》은 아들의 소소한 행동들을 따스하게 바라보는 아빠의 시선을 담고 있다. 아빠의 시선에 담긴 아들의 행동은 저마다의 의미를 갖게 된다.

"사랑하는 아들아, 너를 보면 알겠구나.

너의 노란 컵이,

너를 깨우는 노랫소리가,

비스듬히 비치는 아침 햇살이,

처음 만난 잠자리가,

커다란 상자가 얼마나 중요한지 너를 보면 알겠구나."

아이의 행동은 늘 곁에 있어 쉽게 스쳐 지나갈 수 있다. 그러다 그윽한 아빠의 눈에 닿았을 때 '의미'를 갖게 된다. 아이의 아빠는 아이가 보는 세상을 이해하고 있다. 아이에게는 빨간 공과 파란 그릇이 전부이고, 쓰러진 나무와 젖은 개의 냄새가 전부이며, 커다란 상자가 전부이니까.

그림책 덕분에 나에게도 바닷물이라는 어릴 적 일상이 빚어놓은 많은 돌이 있다는 걸 깨달았다. 나는 언젠가 아버지에게 이렇게 말했다.

"아빠! 혹시 저 어렸을 때 추억이 담긴 물건 모아둔 거 있으세요?"

물건을 잘 보관해 두던 아빠는 오랫동안 아들의 그 말을 기다렸을까. 아빠는 내게 커다란 박스 하나를 건네주셨다. 그 안에는 초등학교 1학년 때부터 꾸깃꾸깃 써 내려간 일기장과 몇 장의 사진, 소풍 갔을 때 용돈으로 샀던 기념품과 몇 안 되는 상장이 들어있었다. 그때는 알 수 없었던 아빠의 따스한 시선도 함께였다. 나는 박스에 가지런히 정리되어 있던 물건을 하나씩 꺼냈다. 내 손에 닿으니, 그때의 순간들과 느낌이 떠올랐다. 그러다 내가 받은 상장을 바라보던 부모님의 시선이 어땠을지 생각했다. 졸업식 날 나와 함께 꽃다발을 들고 웃고 있던 친구들, 우리를 사진에 담았을 부모님의 마음은 어땠을까. 삐뚤삐뚤한 글씨체로 가득한 내 일기장을 바라볼 때면 흐뭇하게 미소 지으셨겠지. 나에게 전부였던 물건, 내가 살았던 세상을 나의 시선에서 바라봐주셨던 부모님의 마음이 느껴졌다. 아이들이 한참 주웠던 '돌수집목록', 그때의 순간들이 내 노트에 기록되고, 나의 시선에 담겼다. 그건 나에게도, 아이들에게도 다시 '의미'가 될 소중한 추억으로 남았다.

매주 만드는 아빠와의 추억

(그림책 《두 발을 담그고》)

금요일, 누구나 그렇듯 아이들도 이 날을 엄청 기다린다. '간식 사러 가는 날' 금요일엔 사고 싶었던 과자를 사러 가는 날이기 때문이다. 평소에 잘 가지 않던 슈퍼에 들러 사고 싶은 간식 한 가지씩 고른다. 아이들은 전날(목요일)이 되면 다음 날 슈퍼에 가서 어떤 간식을 고를지 행복한 고민에 빠진다.

"오늘 나는 포카칩 고를 거야!"

"누나! 포카칩 고를 거야?? 그럼 나는 음~~~빼빼로!!"

"오~~!! 좋았어 얘들아! 아빠는 고소미ㅋㅋ"

아이들은 몇 개의 간식 앞에서 고민에 빠질 때도 있다. 추운 겨울인데 아이스크림이 눈에 들어와서 과자를 먹을지 꽁꽁 언 아이스크림을 먹을지 고민한다. 어떤 날에는 아이들이 먹고 싶은 간식이 여러 개라 괜히 아빠는 어떤 간식을 고를지 물어본다. 질문 속에는 아빠가 자기가 먹고 싶은 과자를 대신 골라주길 바라는 마음이 담겨있다. 나는 모른 채하며 그 과자를 고른다. 뿌듯해하는 아이들 미소가 눈에 들어온다. 일주일 간 열심히 기다리다 먹는 간식이라 그런지 더 좋아하는 것 같다. 이것도 나름 참을성을 길러주는 훈련이 되는 것 같다. 아빠하고 간식을 고르는 날, 금요일마다 먹고 싶은 걸 골라 맛있게 먹는 시간이 아이들에게 작은 추억이 되겠다. 나중에 아이들이 좀 더 자라 슈퍼에 갔을 때, 어릴 적 금요일마다 골랐던 포카칩이랑 빼빼로가 생각이 나겠지. 그날의 기대감과 과자의 달콤함도 생각이 날 것이다. 아빠가 나를 위해 골라준 과자도 떠올라 피식 웃을 수도 있겠다. 기다리는 게 늘 쉬운 건 아니었다. 간식 사는 날이 아닌데, 길을 걷다 과자 먹는 아이와 마주치면 슈퍼에 가자며 떼를 쓰기도 했다. 참기 힘들어하는 아이를 보며 마지못해 슈퍼에 데려가는 건 애들을 위한 게 아닐 것이다. 아이와 내가 세운 약속을 기억해야 한다. 내 역할은 아이들이 힘들어하더라도 그 약속을 지킬 수 있도록 돕는 것이다. 조미자 작가님의 《두 발을 담그고》라는 그림책이 있다. 아들과 아빠가 낚시터로 여행을 떠난다. 아들은 작은 통통배를 타고 떠나는 낚시여행이 너무 즐겁다. 둥실둥실 움직이는 집마저도 아들을 웃게 한다. 아이는 물결 속에서 하늘, 산 그리고 자기 모습을 발견한다. 아빠와 아들은 물 위에 둥둥 떠 있는 작은 낚시집에서 멀리까지 낚싯대를 던진다. 둘은 나란히 앉아 가만히 물고기를 기다린다. 휘리릭 던져놓은 낚싯대가 움직일 때까지 지켜본다. 아들은 찌가 움직일 때까지 기다리는 시간이 지겹지 않다. 물고기가 잡히지 않아도 괜찮다. 아빠와 함께하는 순간들이 그저 행복하기 때문이다. 그림책을 보다가, 아빠와 함께했던 어릴 적 내 추억이 자연스레 생각났다. 우리 가족은 주말이면 가끔 등산을 가곤 했었다. 엄마는 산에 가기로 한 토요일 아침에, 김밥과 도시락을 준비하느라 분주했다. 아빠와 나는 등산가방을 챙겼다. 아빠하고 등산 준비를 할 때부터 이미 설렜다. 산에 오를 때면 누나하고 엄마는 언제나 산 중턱 적당한 자리에서 돗자리를 펴고 쉬었다.

"두 사람, 다녀와~! 우리는 여기 있을게!"나는 그 돗자리에 앉아서 쉰 적이 없었다. 늘 아빠를 따라 산 정상까지 힘을 냈다. 나는 아빠에게 이만큼이나 자랐다는 걸 보여주고 싶어서 아빠 등을 따라 열심히 올라갔다. 숨이 찼지만 아빠에게 괜히 들키고 싶지 않았다. 앞서가던 아빠는 잠시 멈추고 이렇게 말했다.

"앞장서봐, 아들!"

나보고 앞장서서 가보라는 아빠의 말, 그건 내가 산 길을 헤쳐나가도록 용기를 주었고, 오르다 힘이 부칠 때면 다시금 한걸음 내딛을 수 있게 해 주었다. 내 뒤에 아빠가 따라오고 있다는 사실에 괜히 든든했다. 산 정상에 올랐을 때, 뭔가 해냈다는 성취감을 더욱 느끼려 가장 높은 바위에 앉아보곤 했었다. 아빠하고 하이파이브를 했다. 아빠는 한 손에 잡힐 듯 작아진 도시를 바라보면서 동네들을 설명해 주셨다. 그 설명 속에 우리 집도 있었다. 엄마가 싸준 도시락은 다 식어버렸지만 아빠랑 우걱우걱 맛있게도 먹었다. 산 정상에서 부는 바람은 온몸의 땀을 식혀주고 남을 만큼 시원했다. 정상이 오기를 기다리다 맛보는 바람이었다. 아직도 그때의 서늘했던 바람이 기억이 난다.

아빠랑 함께했던 추억이 가끔 나를 웃게 한다. 그때의 나에게, 그리고 아빠에게 고맙다. 아이들과 매주 만들어가는 '간식 사는 날'이 언젠가 아이들에게도 미소를 선물해 줄 것이다. 간식을 골라 뒷자리에서 먹던 아이들이 한마디 외친다.

"아빠! 그런데, 기다렸다가 먹으니까 더 맛있따!!"

"오! 그렇지!?!? 기다리느라 애썼어~~^^"

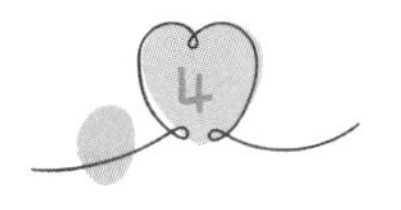

완벽주의 아이 이해하기

(그림책 《절대로 실수하지 않는 아이》)

하임이는 여섯 살이고, 완벽주의 성향이 있다. 그날 입은 옷은 그날 꼭 빨고 싶어 하고, 손에 조금이라도 찝찝한 느낌이 들면 바로바로 씻는다. 건조한 가을날에는 손을 하도 많이 씻어서 손등이 다 부르튼다. 손을 씻고 나서는 다른 물건을 잘 만지려고 하지 않는다. 그리기 놀이를 하다가 뭔가 마음에 들지 않으면 그 페이지는 뜯어서 처음부터 다시 한다. 지금보다 조금 더 어렸을 때는 동생이나 다른 사람들이 자기 물건을 함부로 손대는 것도 무척이나 싫어하고 경계했다. 아이는 늘 정해진 루틴에 따라서 행동하고 싶어 한다. 아이가 완벽주의 성향이라는 건, 약속대로 되지 않았을 때 무척이나 힘들어하는 모습을 보면 알 수 있다. 스스로를 탓하며 한숨을 내쉬기도 하고, 자기에게 실수를 저지른 누군가를 노려본다. 주로 동생이지만. 아내와 나는 아이의 타고난 기질을 더 이해해주려 한다. 아이의 완벽성이 누구로부터 온 것인지 여전히 논쟁거리다.

"그럴 필요 없어, 손을 자주 씻지 않아도 괜찮아."

와 같은 말은 그다지 도움이 되지 않을 터. 우리는 그냥 아이를 지켜본다. 아이의 완벽성이 누구로부터 온 것인지, 과연 누구의 피인지

그림책 《절대로 실수하지 않는 아이》에는 단 한 번도 실수하지 않는 아이 베아트리체가 등장한다. 베아트리체는 여느 때와 똑같이 하루를 시작한다. 늘 그래왔듯이 짝을 맞추어 양말과 신발을 신고, 아침을 먹을 때면 동생 도시락까지 챙겨준다. 아이는 학교에 가려고 문을 나서고, 아이 앞에는 '실수하지 않는 아이'를 보려는 사람들로 북적인다.

베아트리체는 사람들의 관심을 받는 게 익숙한 듯 보인다. '실수하지 않는 아이'로의 삶을 꽤나 오래 산 모양이다. 사람들은 아이의 이름을 알지 못한다. 사람들은 아이의 이름 대신 언제나 완벽한 아이, 스스로 잘 해내는 아이로 기억한다.

아이는 사람들의 기대에 부응하거나 때론 스스로의 기준에 맞추려고 노력한다. 오늘도 베아트리체가 아닌 '실수하지 않는 아이'로의 삶을 산다. 이 아이를 보면서 칭찬이 가진 힘을 새삼 느끼게 된다. 아이의 완벽한 행동, 그 결과에 대한 사람들의 반응(칭찬)은 그다음에도, 또 그 다음 번에도 아이가 완벽한 행동을 반복하도록 부추긴다. 아이는 어제와 다른 오늘이 아니라 늘 그래왔던 오늘을 사는 것 같다. 실수를 어떻게 하는지 모르는 사람처럼 산다. 그에 반해, 아이의 남동생은 완벽한 누나와는 달리 엉뚱한 일을 곧잘 하는데, 크레파스를 먹거나 두 손대신 발로 피아노를 치기도 한다. 누나와 달리 동생은 실수하는 걸 두려워하지 않는다. 베아트리체는 학교에서 요리 수업을 하다가 처음으로 실수할 뻔한다. 케이크 만들기에 필요한 달걀을 가지고 오다가 미끄러져서 넘어진 것이다. 공중으로 날아오른 달걀. 다행스러운 건지 아닌지, 베아트리체는 한 개의 달걀도 떨어뜨리지 않고 무사히 받아낸다. 그리고 그 일은 베아트리체 머릿속에서 떠나지 않는다. 과연 베아트리체는 실수를 받아들이게 될까? 그림책의 표지에는 자신있게 저글링하는 아이 모습이 그려져 있다. 늘 그래왔듯 실수하지 않는 아이의 표정은 자신만만한 것처럼 보인다. 약간의 긴장감도 엿보이는 것 같다. 반면 그림책의 뒤표지에는 결국 실수를 하고 말았는지, 머리에 무언가를 쓰고 있는 아이의 모습이 보인다. 무대에 서 있는 아이는 자기만의 미소로 환하게 웃고 있다.

나는 하임이가 실수를 했을 때 피식 웃어주려 한다. 아이가 저지른 실수는 절대 잘못이 아니고, 그저 실수라고 알려줄 것이다. 나도 아이가 보는 앞에서 실수(유리컵을 떨어트려 깨지는 경우)했을 때 미소 지을 거다. 아빠도 실수하는 사람이라는 걸 보여주고 싶다. 나는 아이에게 실수 앞에서 피식 웃어 보일 수 있는 여유도 전달해주고 싶다. 더 나아가 앞으로 우리가 맞이할 숱한 실수들은 절대 우리를 망가뜨리지 못한다는 걸 알려주고 싶다. 그래서 '실수하지 않는 아이', '실수가 두려운 아이'가 아니라 '실수해도 괜찮은 아이', '또 해보는 아이'로 자라도록 돕고 싶다. 더불어 하임이의 마음을 더욱 깊이 이해할 수 있었던 건, 아이 외삼촌 덕분이다.

"나도 완벽주의 성향이 있어서, 하임이가 어떤 마음인지 너무 잘 알거든. 얼마 전에, 하임이가 지진이 나면 어떻게 되는 거냐고, 어떻게 빠져나가는지 물었었잖아. 그때, 그냥 '괜찮아, 그럴 일 없을 거야, 괜찮아.' 이런 말은 우리한테 하나도 도움이 안돼. 오히려 어떻게 해서 지진이 발생하고, 지진이 나면 행동수칙은 이러하며, 그걸 직접 시뮬레이션해주는 게 훨씬 안정감을 주거든. 내가 하임이랑 같이 지진 시뮬레이션 해보기로 한 것도 그 때문이야. 애 마음이 뭔지 내가 너무 잘 아니까."

아이가 저지르는 실수에 피식 웃을 수 있는 마음의 여유와 함께 그걸 극복하도록 돕는 실제적인 Tip이 더해지면 아이는 '실수가 두렵지 않은 아이'로 성장할 것이다.

엄마의 쪽지

(그림책 《엄마의 선물》)

3월은 아이들 특히 둘째 녀석에게 힘든 달이었다. 아이는 집을 떠나 처음 사회생활을 시작했다. 처음 만나는 친구들, 처음 만나는 선생님, 처음 해보는 것들, 모든 게 새로운 아이는 무척이나 낯설어했다. 아침마다 유치원에 가기 싫다며 울었다. 어떻게든 달래서 차에 태워 보낼 때면 늘 아이 손에 가제수건을 쥐어주었다. 하성이는 멈추지 않고 흐르는 눈물을 닦아야 했기 때문이다. 유치원에 갈 때 아이들이 그나마 기대했던 게 있었다. 다름 아닌 엄마의 쪽지였다. 쪽지는 아이들의 옷장에 붙어있었다. 아이들이 옷을 갈아입을 때 볼 수 있도록. 쪽지는 유치원에서 하루를 잘 마치고 돌아온 아이들에게 건네는 엄마의 인사, 격려였다.

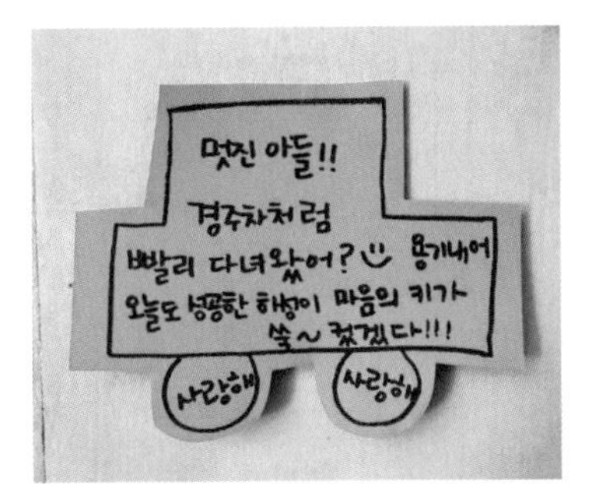

"오늘은 엄마가 뭐라고 써놨을까!"

아이들은 집으로 들어서자마자 손을 씻고 곧장 옷장 앞으로 달려갔다. 오늘은 엄마가 어떤 말을 써놨을까 기대하는 마음이 가득했다. 매일 달라지던 엄마의 격려는 아이들의 마음을 늘 채워주었다. 하성이는 글을 아직 읽지 못해 아빠에게 읽어달라고 부탁했다. 하임이는 쪽지 앞에 한동안 있었다. 엄마가 쪽지로 건넨 격려를 계속 되뇌었다. 쪽지는 불안 가득했던 그날을 잘 마치고 돌아온 아이들에게 엄마가 주는 작은 상장과도 같았다. 《엄마의 선물》이라는 그림책이 있다. 엄마는 아이에게 꼭 필요한 삶의 교훈을 들려주고 있다.

"다른 사람에게 손가락질하면, 언젠가는 너에게 돌아온단다."

"비 맞을까 봐 두려워 너의 길을 멈추지 마. 너에게는 커다란 우산이 있잖니."

"떨어질까 두려워 너의 꿈을 접지는 마. 너에게는 커다란 날개가 있으니까."

"힘이 들면 가만히 손을 내밀어 보렴. 나는 항상 너의 곁에 있단다."

엄마의 말이 어딘가로 흩어지지 않고 아이 마음에 기록된다면, 아이는 살아가면서 언제라도 그걸 꺼내볼 수 있을 것이다. 중요한 선택, 여러 판단 앞에 서서 고민할 때 엄마가 해주었던 말, 엄마가 남겨준 쪽지를 꺼내 생각할 것이다. 또 때로 불안함이 몰려와 한 걸음을 떼기가 힘들 때, 아이 마음에 새겨진 엄마의 쪽지는 자기를 응원하는 한 사람이 있다는 걸 기억하게 해 줄 것이다.

그림책 덕분에 내 중학교 시절이 떠올랐다. 나는 학교를 마치고 아무도 없는 집에 들어섰다. 식탁에는 엄마의 쪽지가 있었다. 쪽지 옆에 엄마가 만들어 놓은 볶음밥도 함께 있었다.

"아들아! 엄마 오늘 일 있어서 나가니까, 배고프면 여기

볶음밥 먹어.”

“아들! 냉장고에 수박 썰어놓은 것 있어. 꺼내서 먹어.”

“아들! 학원 가기 전에 배고프니까 식탁에 간식 챙겨 먹어.”

나는 쪽지를 후루룩 읽고, 엄마가 해놓은 볶음밥을 우걱우걱 맛있게도 먹었다. 엄마는 늘 내가 좋아하던 그 맛으로 볶음밥을 만들어놓으셨다. 무더운 여름날, 엄마는 깍둑썰기로 잘라놓은 시원한 수박을 쪽지와 함께 놓았다. 먹기 좋게 썰린 네모난 수박은 더위를 식혀주고도 남았다. 나는 학원에 가기 전에 엄마가 준비해 놓은 간식을 늘 챙겨 먹었다. 엄마 쪽지는 먹고 남은 과자 봉지 곁에 두었던 것 같다. 그때는 엄마의 쪽지가 당연했고, 엄마가 만들어놓은 간식도 일상이었다.

나는 엄마가 쪽지에 써놨던 모든 말이 기억나지 않는다. 내가 학교에 간 사이에 오전부터 만들었을 그 볶음밥 맛은 잊지 못한다. 무더운 여름에 학교에서 흠뻑 땀 흘렸을 아들을 생각하면서 열심히도 썰어놓았던 수박, 그것은 엄마의 격려이자 응원이었다. 그건 하루를 마치고서 학원에 가서도 엄마의 온기가 내 안에 식지 않도록 도와주던 간식이었다.

이제와 보니, 고생했다며 나를 격려해 주던 엄마의 쪽지는 지금의 나를 살게 하는 비공식 상장이었음을 깨닫는다. 아이들이 유치원에 나설 때면 엄마가 한마디 건넨다.

"이따가 유치원 끝나고 와서 엄마가 쪽지에 뭐라고 써놨는지 꼭 봐~ 기대해!"

"응!! 기대할게 엄마!"

유치원에 향하는 아이들의 발걸음은 쪽지가 건네는 기대감으로 한껏 가볍다.

불안과 불안한 너

(그림책 《불안》)

"하성이 치카 안 할래! 유치원에 운이도 안 한단 말이야~~!"

"하성이 유치원에 안 갈래!"

주말이 지난 월요일 아침이었다. 하성이는 안전한 울타리인 집에서 편안하게 있다가 나름의 사회집단인 유치원에 가려니 불안했나 보다. 늘 하던 양치도 안 하고 싶다고 하는 걸 보니, 뭔가 긴장이 되는 게 틀림없었다. 그런 날 하성이는 약간의 눈물을 보일 때도 있다. 아이는 '불안'과 마주했다.

조미자 작가의 《불안》이라는 그림책이 있다. 다채롭고 밝은 색채로 그려진 그림책이다. 표지를 보면 한 아이가 땅 깊은 곳에서 끈으로 무언가를 잡아당기는 듯한 모습이 보인다. 땅 밑에는 검은색, 파란색, 노란색 갖가지 색깔들로 채워져 있다. 색깔이 감정과도 같다면 땅은 여러 감정이 지내는 집 즉, 마음인 것 같다. 아이는 무얼 꺼내고자 하는 걸까, 그걸 꺼냈을 때 아이는 어떤 색깔(감정)과 마주하게 될까.

"때때로 나를 어지럽게 하고, 때때로 나를 무섭게 하는 것이 있어. 그것은 가득 차 있다가도 어느 순간 사라져 버려. 저 아래로 말이야. 그리고 또다시 나타나 나를 놀라게 해. 난 이제 그것을 만나 볼 거야"

주인공 아이가 끈을 힘차게 잡아당기자 자기 몸집에 몇 배나 큰 커다란 새(불안)가 부리부리한 눈을 뜬 채 등장한다. 하성이가 불안을 마주했을 때, 그건 감당할 수 없을 만큼 크게만 보일 것이다. 하성이는 그날 유치원에 가는 게 긴장되었을 테고, 유치원에서 보낼 하루와 교구 수업이 어렵게만 보였다. 집으로 오기까지도 너무 오래 걸리는 것 같아 더욱 불안했을 것이다. 주인공 아이 앞에 새가 나타났으니 이제 같이 있어야 한다. 하지만 이 아이는 커다란 새와 함께 지내는 법을 알지 못한다. 새를 피해 숨기도 해보지만 역시 속수무책이다. 아이는 끈을 잡아당긴 걸 후회한다. 그림책의 아이가 불안을 피해 다닌 것처럼, 하성이는 늘 하던 양치를 안 하는 투정으로 불안을 지우려 했나 보다. 아니면 불안한 나머지 어떻게든 도망가 보려 애쓰는 모습이었을 수도 있다. 하지만 하성이에게 유치원이 사라지는 일은 일어나지 않는다. 주인공 아이 옆에 커다란 새가 늘 있는 것처럼. 새는 아이와 늘 함께 있으면서 그 크기가 점점 작아진다. 어느새 아이보다 작아져 있다. 아이가 어디에 있든 무얼 하든 졸졸 따라다닌다. 아이도 이제 그런 새가 싫지만은 않다. 아이는 조금씩 새와 함께 지내는 법을 터득해 간다. 새와 멀어지려고 하면 할수록 더 가까이 왔었는데, 새가 자기 일상의 일부라는 걸 인정하니 같이 지내는 게 그리 어렵지 않다. 아이는 이제 새와 함께 고민하고, 자기 기분을 새에게 말하기도 한다. 하성이는 불안한 마음을 가지고 현관문을 나섰고, 등원 버스를 탔을 것이다. 친구들 틈에 섞여서 일과를 시작하고 교구시간을 시작으로 일정에 따라 움직이다 보니 어느새 아침에 느꼈던 커다란 마음은 작아졌을 것이다. 아이의 불안을 없애려 하지 않았다. 불안과 함께한 하성이의 마음에는 유치원 일상이 주는 만족감들로 채워졌을 수도 있다. 아침에 있던 불안이 어느새 작아진 건 하원할 때 확인할 수 있다. 아이는 유치원 현관을 나오며 세상

근심 걱정을 모두 끝낸 아이처럼 환한 미소를 보인다. 아이도 새도 서로가 편안하다. 그걸 증명이라도 하듯 아이에게 기대어 새가 곤히 잠든다. 그렇게 서로가 서로에게 좋은 친구가 되어 가고, 번개가 치던 날 밤 서로를 꼭 껴안으며 그림책은 마무리된다. 아이는 자기 어깨에 기대 잠든 새를 보며 자기 모습을 발견했을까. 새를 꼭 안아주는 모습이 마치 자기 마음을 안아주는 것처럼 느껴진다. 새가 자기에게 기대어 쉴 수 있도록 무릎을 내어준다. 바라기는, 하성이가 불안했던 마음을 천천히 토닥이는 걸 배워갔으면 한다. 언젠가 하성이에게 꼭 알려주고 싶다.

'하성아! 하성이가 유치원에 갈 때 느껴지는 감정은 불안이라는 거야. 불안한 거는 때로 크게 느껴질 때도 있어. 하지만 하성이가 하루를 마치고 나왔을 때 사라져 버리는 것처럼 없어지기도 해. 갑자기 나타나서 너를 놀라게 할 때도 있지만 그냥 곁에 두고 지내다 보면 불안한 너를 스스로 이해할 날이 올 거야. 불안한 네가 스스로를 돌볼 수 있도록 아빠가 도와줄게. 그러다 보면 언젠가 하성이가 스스로 불안과 가까이 지내는 법을 알게 될지도 몰라.'

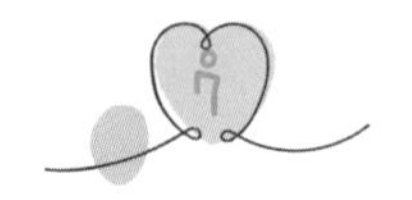

재료가 될 것들

(그림책 《프레드릭》)

나는 '기록'을 좋아한다. 더 정확히 말하자면, '기록하는 행위'가 참 좋다. 기록은 지나갈뻔한 일상의 순간들을 노트라는 나만의 공간에 차곡차곡 붙잡아두게 한다. 노트를 집어 들고 써놓았던 것들을 한 장씩 들춰보면, 그때의 감정, 느낌, 생각 그리고 그 순간의 이미지들이 같이 떠올라, 아주 잠깐의 시간 여행을 할 수가 있다. 레오 니오니 작가 그 그리고 쓴 《프레드릭》이라는 그림책이 있다. 그림책에는 귀여운 생쥐 프레드릭과 친구들이 등장한다. 친구들은 추운 겨울을 나기 위해 저마다 분주히 일을 한다. 자기가 먹을 양식들을 열심히 모으는 동안 프레드릭은 친구들과는 좀 다른, 혼자만의 것들을 해나간다.

“프레드릭, 넌 왜 일을 안 하니?”

“나도 일을 하고 있어. 난 춥고 어두운 겨울날을 위해 햇살을 모으는 중이야.”

“프레드릭, 지금은 뭐 해?”

“색깔을 모으고 있어. 겨울엔 온통 잿빛이잖아.”

“난 지금 이야기를 모으고 있어.”

추운 겨울이 되자, 생쥐들은 모아두었던 식량들로 버티며 하루하루를 살아가게 된다. 하지만 어느새 식량은 바닥나고, 그들 사이로 찬 바람이 불어와 힘든 시간을 보내게 된다. 그때, 프레드릭은 모아둔 햇살 이야기를 해준다. 생쥐들은 프레드릭이 들려주는 이야기 덕분에 몸이 점점 따뜻해져 가는 걸 느낀다. 또, 프레드릭은 쌓아두었던 파란 덩굴꽃과 붉은 양귀비꽃 이야기를 들려준다. 가만히 눈을 감고 듣고 있던 생쥐들 마음속에는 저마다 그림이 하나둘 그려지게 되고, 그 그림들은 추운 겨울날을 따스히 보내도록 도와줄 재료가 된다.

나는 연년생 남매 아이들이 하는 말, 그들의 일상을 기록한다. 아이들이 내가 생각지도 못한 말을 할 때면 신이 나서 머릿속에 잘 기억해 두었다가 노트에 적고, 그 말을 했던 상황을 덧붙여둔다. 기록해 둔 아이들의 말과 일상을 가끔씩 꺼내보면 아빠로서 놓쳐서는 안 될 것들을 한 번 더 생각한다. 예를 들면, 나는 첫째가 손을 너무 자주 씻어서 건조한 계절에는 손이 부르트게 된다는 걸 기록해 두었다. 기록해 둔 걸 다시 보며 아이가 어떤 마음으로 손을 자주 씻게 되는지 고민했고, 그 순간 손을 자주 씻어야 편안한 아이의 마음을 공감했다. 아이의 마음을 읽게 되니, '하임아, 손을 그렇게 자주 씻지 않아도 돼.'라는 내 반응이 '손을 자주 씻는 건 네가 깔끔한 걸 좋아하는 마음 때문이야.'라며 좀 더 공해주는 반응으로 바뀌었다. 또 한 번은, 둘째아이와 분리수거했던 날을 기록해 두었다. 아빠를 따라나선 하성이가 자기도 힘을 내 분리수거 할 물건을 들고 갔고, 스스로 정해진 곳에 쓰레기를 분류했다. "아이고! 잘하네 아주!" 경비아저씨가 그 모습을 지켜보다 격려 한마디를 건넸다. 그 격려는 아빠의 도움 없이 자기 몫의 분리수거를 끝낸 아들에게 성취감을 더해주었다. 집으로 가는 아이의 표정이 밝았다. 수첩에 적어둔 '분리수거했던 날의 일'을 다시 보며, 아이가 성취감을 누릴 활동으로 '분리수거'를 한번 더 기억했다. 느리고 서툴더라도 스스로 해내도록 기다리겠다는 생각도 잊지 않았다. 아이들의 일상은 언뜻 보면 매일 비슷한 일의 반복이다. 아침에 일어나서 눈곱을 떼고, 옷을 갈아입고, 유치원에 가며, 때가 되면 하원을 하고, 저녁밥을 먹고 잠자는 매일의 나날들. 그런데 기록을 하고 들여다보니, 그 일상을 사는 아이들의 기분이 매 순간마다 다르고, 그날 아이의 생각이나 컨디션이 전혀 똑같지 않다는 걸 알 수 있었다. 또, 기록은 아이를 향한 나의 마음을 가다듬도록 돕는 재료가 된다. 사각사각 소리가 마음이 정돈되도록 도와준다.

나는 아이들에게 물려줄 유산을 지금부터 만들어가고 있다고 생각한다. 아빠가 '미리 만드는 아이 자서전'이랄까. 아이들이 점점 자라나는 만큼 기록도 쌓여가겠지. 나는 아이들이 언젠가 어른이 되어, 아빠의 기록이 그들 손에 전해질 순간을 고대한다. 그림책 속 프레드릭이 친구들에게 건네준 따스함이 내가 쓴 노트를 통해서 아이들에게 전달되기를. 기록만세!

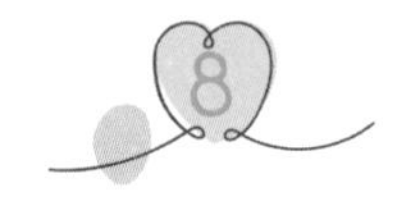

기여하는 삶

(그림책 《지하 정원》)

내가 사는 동네 아파트에 관리소장 아저씨가 있다. 이 분은, 단지를 돌아다니며 만나는 아파트 주민들에게 웃으며 인사를 건넨다. 한 손에는 집게, 다른 손에는 봉투를 들고 단지 내에 버려진 쓰레기를 줍고 다닌다. 어떤 날 오후에 이 아저씨가 놀이터에서 놀고 있던 아이들을 한데 모아서 게임을 시작한다. 이 게임에는 승자와 패자가 따로 없다. 대신 모두가 간식을 나누어 먹을 수 있다. 우리 집 아이들도 아저씨에게 게임에 이겨 간식을 받았다며 실컷 자랑했다. 이 아저씨의 미담은 여기서 끝이 아니다. 이 아저씨는 아침 등교시간이 되면,

단지 옆에 있는 학교 앞 횡단보도에 아침 일찍 나와 서있다. 한 손에는 경광봉을 들고, 얼굴에는 역시 환한 미소를 띤 채 아학생들이 안전하게 횡단보도를 건널 수 있도록 돕는다. 아저씨의 경광봉 앞에 멈춰 선 차들도 아저씨의 인자한 미소 덕분에 서서히 브레이크를 밟는다. 어느 날 단지를 걷다 아저씨를 또 만났고, 건네 받은 아저씨 미소에 나도 피식 웃으면서 화답했다. 아저씨의 웃음이 나에게로 전염이 된 것 같았다.

조선경 작가의 그림책 《지하정원》에도 다른 누군가의 삶을 따스하게 만들어주는 아저씨가 등장한다. 이 아저씨의 일은 나선형의 계단을 가진 걸로 유명한 지하철역의 계단을 청소하는 것이었다. 막차가 지나가고 나서 사람들이 모두 떠나가면 이 아저씨의 업무는 시작이 된다. 그날도 어김없이 자기가 맡은 청소를 하던 아저씨는 지하철 안쪽 구석에서 나는 냄새로 인해서 사람들이 수군대는 소리를 듣게 된다. 사람들의 소리가 귓가에 맴돌며 떠나지 않자, 아저씨는 냄새가 나는 그곳을 들여다보러 간다. 아저씨는 바깥의 햇살이 들어오는 창구로 쓰레기들이 쌓이고 쌓여서 지독한 냄새를 풍기게 된 걸 발견한다. 그날부터 그는 자기가 맡은 구역의 청소가 끝이 나면 곧장 그 쓰레기가 가득한 창구로 가서 그곳의 청소를 한다. 며칠이 지나자 그 창구는 말끔해졌고, 바깥으로부터 빛도 들어온다. 아저씨는 한 줌의 흙과 작은 식물로 그곳에 정원을 만든다. 아저씨의 보살핌과 바깥에서 받아들이는 햇살로 인해서 작은 식물은 어느새 키가 자라 잎사귀가 밖을 향하고, 더 시간이 흘러 지나가던 동네 사람들의 안식처가 될 만큼의 높이까지 자란다. 아저씨의 검었던 턱수염이 하얗게 변해버릴 만큼 시간이 흐른다. 흰 수염 아저씨는 언제나 그래왔듯 나선형의 계단을 가진 지하철역으로 청소도구를 들고 출근한다.

누군가의 작은 친절이 쌓이고 쌓이면 때로 그것이 많은 이들에게 선물이 된다. 아파트 관리소장 아저씨와 그림책 지하 정원에서 만난 청소아저씨, 두 아저씨의 삶이 무척이나 아름다워 보였다. 그것은 다른 사람들의 일상에 기여하는 그들의 모습 때문이겠지. 기여한다고 해서 대단한 게 아니었다. 그건 얼굴로 건넬 수 있는 미소와 더러운 공간을 깨끗하게 하는 씀씀 정도였다. 바라기는 아이들도 그들이 가진 것들로 누군가의 삶에 기여하기를. 작은 미소로 친구의 마음에 따스함을 전해주고, 길가에 버려진 쓰레기를 주워 다음에 지나올 누군가의 걸음을 도와주기를. 그래서 아이들의 삶을 통해 조금이나마 더 따뜻한 세상이 되기를 바란다.

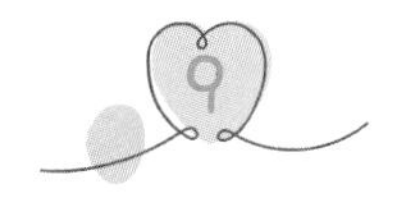

"언니! 것 좀 가꼬와"

(그림책 《행복한 청소부》)

후배 결혼식 사회를 보러 가는 길이었다. 예식장 근처 지하철역에 도착했고, 역사 안 화장실에 갔다. 화장실 입구에 파란색 조끼를 입은 아주머니 두 분이 계시는 걸 보니 청소하시려는 것 같았다.

"언니! 것(?) 좀 가꼬와바! 여기 좀 해야겠어!"

입구를 지나는데 두 분의 대화가 들렸다. 어느 한 분이 다른 동료에게 황급히도 무엇을 가져오라고 했다. 바닥 어딘가를 닦아야 하는가 싶었다. 나는 일을 보려다 흠칫 놀랐다. 너무나 자연스럽게 청소도우미분들이 화장실에 들어와서도 놀랐지만, 내 눈에는 그리 달리 보이지 않는 곳을 닦는 모습 때문이었다.

'저기를 닦으려고, 동료에게 그리 황급히 것(?) 좀 가져오라고 하셨구나.'

그분은 열심히 닦으셨다. 곧이어 그분이 뱉은 말이 너무도 선명하게 들렸다.

"이렇게 해야 고객들 사용할 때.."

고객들이라니, 나의 신분은 도우미분 말 덕분에 순간 격상했다. 내 눈에는 보이지 않았을 어떤 더러움이 그분의 엄격한 기준 앞에 달리 보였나 보다. 아주머니는 스스로의 직업적 소명을 명확히 알고 계셨다. 자기 구역을 깨끗하게 유지하는 것에서 더 나아가, 거기를 이용하는 사람들을 소중히 대하는 마음까지,

모니카 페트 작가의 너무도 유명한 그림책 《행복한 청소부》가 생각이 났다. 아저씨는 파란색 작업복을 입고, 독일 거리의 표지판을 닦는 일을 한다. 이 아저씨가 맡은 구역은 작가와 음악가들의 거리다. 바흐 거리, 베토벤 거리, 하이든 거리, 모차르트 거리 ... 빌헬름 부슈 광장. 아저씨가 맡은 표지판은 너무도 깨끗해서 다른 청소부들의 인정까지 부른다. 그

러던 어느 날, 표지판을 닦고 있던 아저씨 곁에서 한 아이와 엄마가 나눈 대화는 아저씨의 일상을 바꾸어 놓는다.

"엄마! 저것 좀 보세요! 글루크 거리래요. 글뤼크 거리라고 해야 하잖아요?"

"글루크가 맞단다. 글루크는 작곡가 이름이야."

아저씨는 당황한 나머지 다시금 표지판을 보면서 아이만큼 글루크라는 사람에 대해서 알지 못한다는 생각을 한다. 집으로 돌아온 아저씨는 자기 구역 음악가들의 이름을 적은 뒤에 신문 스크랩부터 시작해서, 그 음악가의 공연을 보러 가고, 크리스마스에는 레코드 플레이어를 사 그 음악가들의 삶에 가까이 다가선다. 도서관에 가서는 작가들이 쓴 책들을 열심히도 빌려 읽는다. 저녁마다 책 속의 이야기들에 잠기게 되고, 음악의 비밀에 더 가까이 다가선다. 아저씨는 이제 멜로디로 휘파람을 불고, 시를 읊조리고, 가곡을 부르며 소설을 이야기하며 표지판을 닦는다. 시간이 더 흐른 뒤에 아저씨는 음악가와 작가들에 대해 학자들이 쓴 책을 빌리기 시작하고, 일하는 동안 스스로에게 깨달은 바를 강의하기에 이른다. 표지판을 닦는 아저씨에게서 들리는 소리가 지나가던 사람들에게도 들린다. 오랜 시간 작가와 음악가들의 삶에 가까이 다가선 아저씨의 강의는 그가 맡은 청소 구역에 강의를 들으러 온 사람들로 북적이게 만든다. 너무도 유명해진 아저씨에게 기자들이 찾아오고, 대학에서 강연을 해달라는 부탁도 생긴다. 아저씨는, 표지판을 닦는 청소부로의 일상을 여전히 살기로 선택한다. 아저씨가 닦는 표지판도 여전히 빛나고 있다.

내가 만난 그분은 자기가 맡은 구역에 있어서는 그 어느 누구보다 전문가임에 틀림없다. 철저한 자기 기준은 아무에게도 보이지 않는 걸 보게 만들었고, 그걸 유지하는 것이 그분에게 무엇보다 중요한 일이었다. 그분이 닦던 바닥의 타일은 언제나 깨끗하고, 화장실을 이용하는 사람을 소중히 하는 그분의 마음이 더해져 늘 빛나는 타일이 될 것이다. 그때를 다시 떠올리면, 화장실을 이용하는 사람들을 '고객'이라 칭하는 그분의 말소리가, 자기 구역의 음악가와 작가들을 사랑했던 청소부 아저씨의 마음과 겹쳐서 들리는 듯했다. 누군가를 고귀하게 대하는 그분은 어느 누구보다 자기 스스로를 고결하게 여길 것이다.

엄마의 시선

(그림책 《너를 보면》)

첫 째가 태어나고, 조리원에 있을 때였다. 나는 모든 게 처음이어서 서투르기만 했다. 조리원은 새로운 경험들로 가득했다. 나는 가제 수건이 이렇게도 다양하게 쓰일 수 있다는 걸 처음 알았다. 나는 조리원에 젖병소독기가 필요했던 이유와 아이가 왜 종일 잠을 자는지, 자다가 깨서 왜 우는 건지 배웠다. 대천문이 있어서 아이의 숨이 오가는 것까지도 알게 되었다. 새로이 알게 된 것 중 압권은 바로 모유 수유였다. 수유가 이렇게도 엄마의 수고로움이 가득한 건지 정말 몰랐었다. 엄마는 시도 때도 없이 모유를 찾는 아이에게 젖을 물려야 했고, 아이도 엄마도 서로가 가장 편안한 자세를 찾기 위한 시행착오들을 거쳐야만 했다. 엄마는 모르는 것투성이 서툰 아빠와는 달랐다. 엄마는 이미 열 달 동안 아이와 함께 해왔기 때문에 자기의 직관을 믿었고, 차분하게 하나씩 엄마로서의 일을 해나갔다.

"오빠! 하임이 여기가 좀 달리 보이지 않아?"

"하임이가 좀 오늘은 열심히 무는 것 같아. 그치?"

"하임이 목욕하고 오니까 진짜 깨끗해졌지!"

"잘 먹었는지 잘 잔다."

"오물오물하고 있다, 아 귀여워!!"

"손가락 좀 봐바 히히"

"손톱이 진짜 작다"

아빠 눈에는 뭐가 특별히 다른 건지는 모르겠는데, 엄마는 매 순간 달라지는 게 보이는 듯 아이의 모든 걸 눈에 담으려고 했다. 아이의 모습이 엄마의 눈에 담기니, 늘 들리는 울음소리도, 가지고 태어난 손가락마저도 특별해졌다.

그림책 《언젠가 너도》에는 아이가 태어나서 조금씩 자라나는 순간을 가만히 지켜봐 주는 엄마의 시선이 가득 담겨 있다.

“어느 날 네 손가락을 세어보던 날 그만 손가락 하나하나에 입 맞추고 말았단다.”

“첫눈이 오는 어느 날, 가만히 지켜보았지. 네 고운 뺨 위에 흰 눈이 내려앉는 걸.”

그림책을 읽다 보면, 아이의 아주 작은 사소한 행동에도 의미를 부여하고자 하는 엄마의 마음을 느낄 수가 있었다. 동시에, 엄마도 누군가로부터 이렇듯 소중한 시선을 받으며 자랐겠지. 손가락에서부터 발가락까지 누군가의 따스한 시선이 모든 곳에 닿았을 것이다. 그 시선은 흩어지지 않고 엄마의 품에 잘 쌓여 있었을 것이다. 새로운 생명이 엄마의 뱃속에 생겨나는 순간, 엄마는 자기 안에 담아두었던 시선을 하나둘씩 꺼내 아이에게 닿게 했다. 그건 오로지 엄마만이 줄 수 있다. 아빠는 전혀 느끼지 못하는 변화를 엄마만이 느낄 수 있었던 건 함께한 시간 덕분이었다. 열 달, 200일도 넘는 날 동안 아이와 충만하게 교감해 온 엄마의 헌신이 그 속에 담겨 있었기 때문이다. 작은 태동에도 온 감각을 사용해 반응하던 엄마의 마음도 담겨 있었다. 엄마는 끊임없이 상상했을 것이다. 어떤 아이일지, 눈은 어떻게 생겼을지, 코는, 귀는, 손가락은 어떨지, 아이의 머리끝부터 발끝을 상상해 가며 열 달을 지내왔다. 지나온 상상의 시간은 태어난 아이에게서 눈을 뗄 수 없게 했다.

그림책 덕분에 조리원에서의 아내를 좀 더 이해할 수 있었다. 아이의 작은 변화에도 왜 그리도 행복한 미소를 지었는지 더 깊이 이해할 수가 있었다. 모성애라는 게 이렇게나 특별할 수밖에 없는 건지, 다 말하지 않아도 엄마는 다 안다는 게 왜 진실인지를 알 수가 있었다.

이 땅에 모든 엄마는 위대합니다!

제5장

자라는 아빠 마음

(나를 이룬 것들 기억하기)

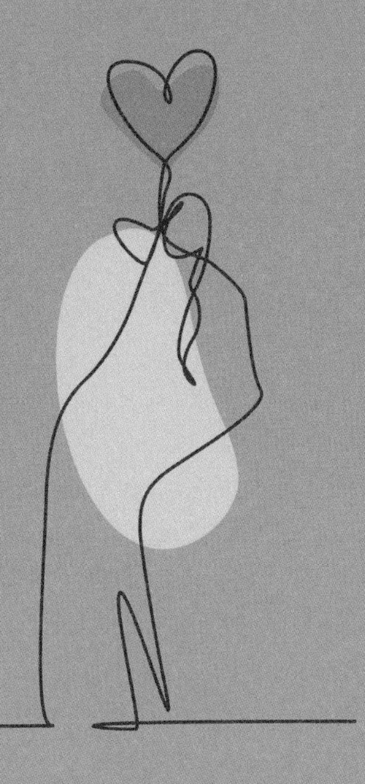

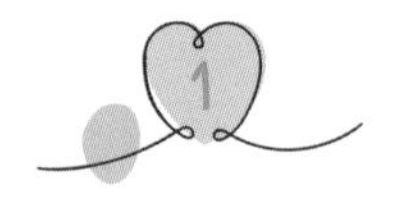

더 큰 존재안에서의 나

올해 포항에는 비가 많이 내린다. 3월에 내리니 봄비가 맞다. 살던 곳을 떠나 흥해 양백리 시골로 내려온지 이제 2주가 지나간다. 아이들이 더 크기 전에 마당있는 집에서 흙 만지며 키우고 싶었다. 대학생활에 한창이던 즈음, 지금처럼 살던 곳을 잠시 떠난 적이 있었다. 한번도 가본 적 없는 미국 시애틀 먼로라는 아주아주 시골로.

그때 내가 떠난 이유는 무엇이었을까. 나를 찾기 위해서였다. 내가 누구인지 알고싶었다. 나는 누군가의 아들, 대학생,

동아리 회장, 교회오빠, 또 다른 누군가의 친구이자 동생이거나 오빠이기도 하지만, 그런 타이틀로부터 떠나고 싶었다. 그때는 왜 휴학했는지를 묻는 이들의 질문에 적절한 답변을 준비하지 못했다. 그냥 '일시정지'가 필요해서, 더 학교를 다니기는 힘들 것 같아서 멈췄다고 했던 것 같다. 떠나는 이들과 보내는 이들, 돌아온 이들이 북적대는 공항이 주는 뭔지 모를 긴장감, 설레임이 좋았다. 미국에서도 왜 왔냐는 질문을 받게 될 줄은 몰랐다. 미국에 먼저 다녀온 선배들이 알려준대로 호기롭게 여행이라고 답은 했지만, 어디로 가는지가 명확하지가 않았다. 그 때문에 무서운 흑형의 눈초리를 받아야 하며, 두어시간 죄 지은(?) 이방인으로 대기해야 했다. 미국에서의 시간을 보내고 나서 시간이 지나 또 그곳을 가고 입국심사관을 만나게 되면 당당하게 말할만한 답변이 생길 것이다. 내가 지낼 곳은 시애틀 먼로에서도 더 깊이 들어가는 시골이었다. 그냥 화장실 세면대에서 나오는 물을 마셔도 괜찮은 곳이었으니까. 회색의 건물보다 초록의 잎사귀들, 커다란 나무가 눈에 가득 담기는 그곳이 참 좋았다. 7월-8월의 시애틀은 비가 참 많이 내렸다. 지금의 포항과는 달리 여름비가 맞겠다. 그때의 빗소리, 창가에서 보이던 비에 흠뻑 젖어들던 나무, 잎사귀가 아직도 선명하다. 그때의 시애틀은 우기였으니까, 일주일이면 5일 정도는 비가 내렸다. 우중충한 날들이 지속이 되니 도시 자체가 무겁고, 우울한 느낌이 가득했다. 그래서인지, 듣기로 이곳엔 마녀들의 성지가 있다고 했다. 유명한 일본공포영화인 '링'의 촬영지도 시애틀이라고 했던 것 같다. 거기에 지내던 한인분은 시애틀에 사는 이들이 비에 익숙해서 적당한 비에는 우산도 쓰지 않는다는 이야기도 들려줬다. 이쯤되니 이렇게나 비가 많이 내리는 이곳에 사람들이 모여 사는 이유가 뭘까가 궁금해졌다. 얼마지나지 않아서 질문은 말끔히 해소되었다. 그곳 사람들이 '하늘이 열린다'고 표현하는 때, 무거운 우기를 지나 화창한 햇살을 내려받을 수 있는 때를 맞이했다. 정말 환상적이리만큼 아름다운 하늘이었다. 오래 비오던 날, 늘 비에 무겁게도 젖어들어있던 나무, 잎사귀에게 그리고 이 때를 위해 참고 기다린 시애틀러(Seattler)에게 내려주는 선물과도 같았다. 아기자기한 우리나라의 자연과는 달리 거대하고 광활한 미국의 자연이 눈에 들어왔다. 그 시골길을 혼자 걸었다. 걷다가 오름직한 동산 꼭대기에 올라갔다. 이전에는 볼 수 없었던 커다란 나무들이 열을 맞춰 줄을 서있었고, 아득히 멀어지는 지점에도 희미한 녹색이 가득했다. 그때의 내가 품었던 고민, 답을 알 수 없는 숱한 질문은 작게만 느껴졌다. '더 큰 존재안에서의 나'를 발견했다고 해야할까. 답을 찾았다고 하기보다, 질문이 무의미하게 느껴졌다.

어리숙한 비에는 우산도 잘 펴지 않는다는 농담을 들려줬던 그 한인으로부터 한 가지 사실을 배우게 됐다. 사람은 자연, 불어오는 바람, 청명한 하늘과 함께 가만히 있을 때 비로소 진정한 자기를 느낄 수 있다고 했다. 그건 자기를 둘러싼 더 커다란 존재를 보았기 때문일 것이다. 이제로부터 맞이하는 포항 흥해읍 양백리의 풍경, 내 눈에 담긴 아기자기한 자연은 어떻게 기억될까. 아이들의 기억 속에는? 아이들도 양백리 시골, 자연 속에서 '나다움', 'original design'을 발견하기를 기대해본다.

시필하시겠어요?

기록을 좋아하는 사람들의 모임이 있던 날이었다. 모임의 장소는 남부터미널역 근처에 위치한 '베스트팬' 커뮤니티룸이었다. 손글씨로 꾹꾹 눌러서 자기만의 이야기를 노트에 기록하는 걸 좋아하는 사람들이 모였다. 스무 명 남짓. 처음 만난 우리는 기록을 시작하게 된 계기에서부터, 기록을 하는 자기만의 루틴, 기록의 종류, 기록할 때 주로 쓰는 문구, 고민되는 지점까지 기록과 맞닿아 있는 여러 테마들을 가지고 대화를 나누었다. 한 번도 만나본적도 없는 사람들이었지만 '아날로그 기록'이라는 공감대가 룸 안에 있는 사람들을 한데 묶어

주었고, 어색했던 미소들은 금세 편안하게 바뀌었다. 모임의 이름은 '아날로그 살롱'. 3시간여 진행된 살롱이 마무리되고, 커뮤니티룸 건너편에 자리한 베스트팬 매장을 둘러보러 갔다. 나는 연필이나 펜 등을 파는 문구 팬시점이겠거니 하는 가벼운 마음으로, 제법 고급진 매장의 문을 열었다.

"시필용지 필요하세요?"

"아;; 시필이요?"

나는 난생처음 듣는 질문에, 당황한 나머지 되묻고 말았다. 매장을 방문하는 누구에게나 자연스레 질문을 던져왔던 매장의 매니저분은 나에게도 동일한 질문을 던졌던 것이다. 이곳은 바로 만년필을 전문으로 판매하며, 여러 만년필들이 가지고 있는 저마다의 성격을 손으로 직접 느껴보는 곳, 시필하는 매장이었다. 매장의 문이 고급진 것도 그제서야 이해가 됐다. 나는 만년필과 어울릴만한 차콜그레이 톤과 우드톤으로 꾸며진 매장에서 처음 만난 만년필 시필 용지를 들고는 어색한 미소로 둘러보기 시작했다. 매장의 벽면에는 만년필 잉크가 켜켜이 진열되어 있었고, 또 한쪽 벽면에는 만년필과 어울릴만한 고급진 문구(노트, 필통)들도 진열되어 있었다. 보석상점에서나 보던 유리박스 안에 가성비 좋은 만년필부터, 여러

색상의 만년필, 브랜드별 만년필 그리고 값비싼 만년필까지 각양각색의 만년필들이 있었다. 만년필로 이루어진 특별한 세상을 만난 것 같았다. 내가 매장 저쪽에는 어떤 만년필들이 있을까 고개를 돌렸을 때, 만년필 시필을 하는 사람들이 보였다. 그리고 시필하는 그 모습을 지그시 바라보게 되었다. 그들은 한 글자씩 천천히 써 내려가면서 마치 만년필과 대화를 하는 것만 같았다. 만년필이 주는 감촉, 만년필이 용지와 닿았을 때의 느낌, 펜촉의 길이에 따라서 느껴지는 차이를 오롯이 느끼는 듯했다. 진지하게 시필을 하는 그들의 태도는 어색한 미소를 보였던 나를 이내 부끄럽게 만들었다. 나는 만년필과 만년필을 사랑하는 사람들이 모여 만든 그 공간을 진지하게 누리기 시작했다. 그들이 소중히 여기는 걸 존중하는 마음과 함께 나도 그들처럼 희열을 느껴보고 싶었다.

예전에 어느 문화심리학 교수님이 [남자의 물건]이란 책에서 이런 말을 했다고 한다. "남자에게는 물건이 필요하다." 물건이란 자기를 쉬게 해주는 그 무엇으로, 오롯이 있는 그대로의 나로 살 수 있는 곳, 모든 페르소나를 벗을 수 있는 곳이라 해석이 된다. 베스트팬 매장에서 만난 사람들은 자기가 좋아하는 그 '공간'에서 쉼을 누렸다. 자기를 기쁘게 해주는 그 물건과 끊임없이 소통했고, 사회적 가면을 벗고 '만년필을 사랑하는 사람'으로만 그 공간에 있었다. 자기만의 '물건'을 가진 그들이 부럽기도 하고 멋져 보이기도 했다. 어떤 사람은 좋아하는 두 만년필 사이에서 고민하는 모습이 보였다. 고민하는 그의 얼굴에는 미소가 가득했다. 또 어떤 이는 자기 물건을 더 특별하게 만들기 위해 각인서비스를 주문했다. 나는 '만년필을 처음 만나 새로운 사람'으로 그곳에 조금 더 있다가, 그들의 몰입을 방해하지 않은 채 매장을 나왔다. 나를 쉬게 해주는 물건이 무엇이 있을까 떠올리면서.

'글쓰기'

'기록'

'그림책'

'그림'

.

.

'가족'

갚는 마음

(나를 이룬 만남 1)

친구에게서 연락을 받았다. 아버지가 돌아가셨다는 소식. 내 가장 친한 친구의 아버지께서 이제 아픔이 없는 곳으로 가셨다.

중학교 2학년 때였다. 경찰제복을 입고 계셨던 아버지는 파란색 공장장 옷으로 갈아입으셨다. 공직생활을 마무리하시고, 새로운 사업을 시작하셨다. 순수했던 아버지의 바람과는 달리 공장은, 강아지 간식을 만들어내던 사업은 금세 기울어졌다. 아버지는 사업을 시작하실 때도, 쫓겨나듯 사업을 마무리하실 때도 모든 게 익숙하지 않았다. 처음 경험해 보는 현실들에 우리 가족은 적잖이 당황스러워했다. 이삭이 아버지도 경찰이셨다. 이삭이 어머니는 나에겐 교회 선생님이기도 했다. 어느 주일날, 교회를 마치고 이삭이네 집에 놀러 갔다. 마침 아저씨도 계셨다. 재밌게 놀다 가라는 이야기를 하셨던 기억이 난다. 그 선한 미소도 함께. 그러던 어느 날 이삭이 아버지를 뵈러 병원으로 갔다. 아저씨는 누워계셨고, 알 수 없는 장비와 선들이 아저씨를 감싸고 있었다. 도로의 교통 통제를 나가셨던 아저씨는 그날 밤, 음주운전 차량에 치이셨다. 이삭이는 애써 덤덤해 보였다. 아저씨는 병실에서 그리고 내가 놀러 갔던 그 집에서 계속 누워계셨다. 선생님은 가장이 되셨고, 현실과의 가열찬 싸움을 시작하셨다. 엄마가 한 통의 전화를 받았다. 이삭이 어머니였다. 선생님은 엄마와 어느 한 카페에서 만나기로 약속을 잡았다. 엄마는 나를 데리고 약속 장소에 가셨다. 덤덤한 몇 마디 말들이 오가고 나서 선생님은 엄마에게 흰 봉투를 건네셨다. 어린 내가 보기에도 제법 두툼해 보였다. 아저씨가 사경을 헤맨 후에 가족을 건사하느라 정신없는 와중에 우리 가족의 소식을 들으셨나 보다. 선생님의 마음은 남편과 이삭이를 챙기는 것과 더불어 우리 가족을 위로해 줄 수 있는 만큼이나 컸다. 그렇게 내 마음 한편에 빚이 생겼다. 스무 살 때였다. 이삭이 어머니에게서 전화가 걸려왔다. 선생님의 목소리가 심상치 않았다. 수화기 너머로 울먹이는 소리도 들렸다. 건강이 좋지 않아서 확인을 해봤는데, 유방암이더라는 소식을 전해주셨다. 마음을 나누고 기도로 함께 하고 싶으시다며 전화를 주셨다. 내가 할 수 있는 건 무척이나 적었지만 휴대전화를 붙들고 내 마음을 내어드렸다. 오랜 기간 동안 누워계셨던 아저씨를 돌보느라 선생님이 많이 지치셨었나 보다. 위로를 해드리고 싶었다. 내가 건네드릴 수 있는 위로의 말, 위로의 단어들이 충분하지 않은 느낌이었다. 선생님이 다시 건강을 회복하시기를 바랐다. 선생님께 책을 보내드렸다. 책의 무게만큼만 마음의 빚이 덜어진 것 같았다. 어느덧 이삭이도 나도 삼십 대 중반이 되었을 때, 이삭이는 또 하나의 소식을 들려주었다. 외할머니가 돌아가셨다는 소식이었다. 곧장 장례식장으로 달려갔다.

'선생님. 조금만 기다려주세요. 제가 가고 있어요. 어서 가서 제가 안아드릴게요.'

선생님을 보자마자 안아드렸다. 이번에도 선생님을 향해 몇 마디 위로의 말을 건네드렸다. 그 말들은 스무 살 그때보다 조금은 더 무거워져 있었다. 그만큼 마음의 빚은 가벼워진 것만 같았다.

그리고 이삭이가 아버지께서 아픔이 없는 곳으로 가셨다는 소식을 전해주었다. 이번에도 한달음에 달려갔다. 이삭이도 만나고 선생님도 만났다. 오랫동안 누워계셨던 아버지가 이제는 편안하게 쉴 수 있다는 안도감 때문인지 친구는 오히려 괜찮다고 했다. 엄마가 걱정이라고 했다. 아빠가 없는 넓은 집이 적막할 것 같다고. 아저씨를 보내드리러 화장터를 지나 현충원까지 동행했다. 순직하신 아저씨의 유해는 가지런히 정리된 현충원 한 곳에 모셔졌다. 올라오는 버스 안에서의 공기도, 선생님과 이삭이를 향한 내 마음의 빚도 한결 가벼워졌다. 선생님이 건넨 두툼했던 봉투, 그 안에 담긴 선생님의 마음은 더욱 더 여전히 선명할 것만 같았다.

무거운 택배

휴일이 끝나고 다음 날, 마침 어버이날이었다. 멀리 이사오고 처음 맞이하는 어버이날. 선물을 직접 전해드릴 수 없어 가까운 우체국에서 택배를 부치기로 했다. 선물을 담을 박스를 골랐다. 중간 사이즈 3호. 발송인정보와 수신인정보를 기재하는 동안, 내 옆에서 박스에 무언가를 담는 사람이 보였다. 그는 딱 봐도 큰 사이즈의 박스에 분유통을 여러 개 넣고 있었다. 많은 양의 분유에 눈길이 갔다. 자녀가 많은 집인가. 그는 분유를 다 담았는지, 박스 모서리까지 테이프로 칭칭 감았다.

"외국? 비행기로 보내? 에어플레인??"

"오! 넨! 에어플랜! 뱅기 마자욘!!"

베트남에서 온 외국인 노동자였다. 그는 아빠였다. 고향과 아내, 눈에 밟힌 아이를 두고 떠나온 이곳에서 돈을 벌었다. 월급을 받았고 아이들 먹일 분유를 가득히 샀다. 아빠의 빈자리를 채우고도 남을 만큼의 양이었을 것이다. 그는 아이가 보고싶을 때, 마트로 달려가 분유를 하나씩 사두었을까. 분유는 아빠의 온기를 담아 보낼 최고의 선물이었겠다. 낯선 땅, 처음 만나는 사람들, 서툰 일, 다른 언어 그리고 지독한 외로움. 그 어떤 것도 분유를 사보내는 아빠의 마음보다 크지 않았다. 아내는 국제우편으로 받은 물건을 보고 남편을 떠올리겠지. 칭칭 감겨있는 테이프를 보면서 남편의 손길을 느낄테고, 박스에 담긴 분유로 젖먹이 아이들을 열심히 먹이겠지. 남편이 멀리서 보내온 분유, 외로움을 견디고 번 돈으로 부친 그걸로. 그는 박스 한 켠 A4용지에 집 주소를 빼곡히 적었다. 타국인인 나는 무어라 알 수 없는 자기나라의 언어로 너무도 익숙한 집 주소를. 모든 절차가 마무리 되었는지 그는 뿌듯한 미소를 지었다. 그는 택배를 부치고서 다시 일터로 향했겠지. 가족을 살릴 돈을 벌기 위해.

언젠가 '남자다운 건 뭘까'로 고민했던 적이 있었다. 내가 내린 답은 '책임감있는 사람'. 나는 아이들, 가족, 아내를 부양하기 위해서 먼 타국에서 살아가는 그가 참 남자다웠다. 커다란 박스에 분유를 가득 담고 그 안에 아이를 향한 아빠 마음, 아내를 향한 남편의 애정까지 담았으니 그 무게가 상당했을 것이다. 정말 무거운 택배였다. 동시에 내가 가진 책임감의 무게는 얼마일지 생각했다. 그보다 가벼울 내 책임감에 오늘도 아이들과 함께 일상을 보낼 수 있다는 감사를 더해 조금은 무겁게 느껴보기로 했다.

약방할매

(나를 이룬 만남 2)

전라북도 남원시 아영면 지리산자락이 보이는 마을 안쪽에 있던 건일약국. 우리 할머니가 일하시던 약방이름이다. 할머니가 살던 마을은 도로 한편에 경운기와 농기계들이 늘 보이고, 도로 귀퉁이에는 짜장면집 할머니가 있으며, 그 옆집은 동네슈퍼, 그리고 안쪽으로 들어가면 철물점과 집들이 듬성듬성 있는 곳, 논과 밭, 산들이 어우러진 그런 곳이었다. 윗마을에는 흥부가 태어나 살았다는 흥부마을이 있었고, 그 아랫마을에는 놀부마을이 있었다. 놀부마을에 살던 아저씨들이 정말로 못된 분들이었는지는 알 수 없었다. 할머니는 수십 년을 마을 약방할매로 동네 사람들의 크고 작은 아픔들을 해결해 주던 주치의였다. 약방 현관문에는 '당기셔요'라는 삐뚤삐뚤한 글씨체의 빨간 스티커가 붙어있었다. 할머니가 스티커를 약방 안쪽에서 붙이다 보니 막상 문을 여는 사람은 그 글씨가 거꾸로 보였다. 약방 안으로 들어가면 약들이 듬성듬성 진열되어 있는 유리진열대가 있었고, 한쪽 벽에는 언제 개봉했는지 알 수 없는 돌고래 영화포스터가 누렇게 변한 채로 붙어있었다. 약방에서 문 하나를 더 열고 들어가면 할머니 집이었다. 할머니 집으로 들어가는 문 옆에는 하얀색 아주 작은 냉장고가 있었고, 그 안에는 시원한 박카스가 들어있었다. 할머니 집에 놀러 가서 박카스를 까먹는 재미가 쏠쏠했다. 달콤 시원한 박카스가 목으로 넘어가면 약방할매가 우리 할머니라는 게 새삼 자랑스러웠다. 할머니가 파시는 거니까 양심적으로 하루에 두병까지는 안 먹었다.

"끼익~! 약 있당가요~?"

약방 현관을 열고 들어온 동네 분들이 늘 할머니를 찾던 인사말이었다. 그럼 할머니는 방문을 열고 나가서

"어디가 안 좋으셔요~?"

라고 물었다. 약방할매를 찾는 이들의 아픔은 여러 가지였다. 아침부터 머리가 아픈 사람, 무얼 잘못 먹었는지 소화가

안되던 사람, 농사일을 하다가 작은 생채기들이 생겨나서 약을 발라야 하는 사람들이었다. 증세 몇 마디를 듣고 할머니는 이거 먹어보라고 약을 내주었고, 약을 받아 들고나간 사람들 중에 신기하게도 다시 와서 계속 아프다며 할머니를 찾는 사람들은 없었다. 할머니가 주방에서 설거지를 하거나 주방 안쪽에서 식사준비를 할 때 "약 있당가요~?"가 들리면 할머니 대신 내가 나가서 "어디가 안 좋으세요~?"를 했다. 내가 약을 내줄 수는 없었지만 할머니가 올 때까지 짧은 시간이라도 벌어드린 것 같아서 좋았었다. 할머니는 이따금씩 약을 조제하기도 했는데, 증상에 맞는 약을 골라 넣고 색종이 크기만 한 흰색 종이에 끼니당 먹어야 할 약들을 접어서 내줬었다. 해가 지고 어두컴컴해지면 마을에는 까만 하늘에 가로등 불빛만 몇 개 보였고, 그때는 약방을 찾는 사람들이 없어서 약방 등 스위치도 내렸다. 약방의 스위치가 내려가면 약방 한편 천장에 있던 박제된 매와 살쾡이가 괜히 더 무서웠다. 할머니는 음식 솜씨가 정말 좋았었다. 지금도 맛깔난 음식을 만들어내는 엄마의 음식솜씨는 전부 할머니에게서 왔다고 했다. 할머니 음식 중에서 내가 가장 좋아하던 것은 멸치 몇 마리에, 양파를 듬성듬성 썰어 넣고, 큼지막한 두부를 빨갛게 지진 두부조림이었다. 그 두부조림에다가 짭짜름한 김까지 있으면 밥

두 공기는 뚝딱이 었다. 할머니는 가장 좋은 밥공기에 미리 밥을 꾹꾹 눌러 담아서 가장 따뜻한 방바닥에 놓고는 이불로 덮어두었었다. 사위는 백년손님이라고, 아빠에게 따뜻한 밥을 내주고 싶은 할머니 마음이었다. 밤이 되면 할머니는 너무 무거운 나머지 편하지만은 않았던 고급 솜이불을 꺼내서 덮어주었고, 나는 할머니와 엄마의 밤늦은 대화소리를 자장가 삼아 잠을 자곤 했었다. 아빠가 코 고는 소리가 너무 커서 늘 깊이 자지는 못했었다. 나는 심심해지면 누나하고 할머니 집 옥상에 올라가 보곤 했었다. 옥상에 올라간다고 재미난 무언가가 있지는 않았지만 그래도 심심함이 조금은 달래지긴 했다. 할머니는 약들을 담았던 박스나, 약봉지들, 조제약을 넣던 종이를 늘 모아두셨다. 나랑 누나가 놀러 가서 심심해하면 할머니는 모아두었던 종이류들을 마당 중앙에 놓고 태우는 임무를 주셨다. 아빠가 불쏘시개로 불을 붙여주면 나무 막대기로 종이들이 흩날리지 않게 잘 모아서 태우는 게 우리의 임무였다. 종이들이 거의 다 태워질 때 즈음 사그라들락 말락 하는 불씨에 다른 종이를 올려서 다시 불을 커다랗게 만드는 게 재미있었다. 그때는 옛날이라 종이를 그냥 태워도 뭐라 하는 사람이 없었다. 할머니 집에는 커다란 개가 있었는데, 누렇고 잘생긴 개였다. 할아버지가 일찍 돌아가시고 밤이 되면 어두컴컴해지는 할머니 약방 곁을 든든하게 지켜주던 호위무사였다. 개가 지내던 커다란 창고 앞에는 자그마한 텃밭이 있었다. 그 텃밭에서 할머니는 상추, 고추, 배추를 길렀고 잘 자란 것들을 신문지로 싸서 우리 집이랑 이모네 집에 보내줬었다. 할머니가 보내주는 커다란 박스에는 야채 말고도, 양념들, 음식들, 약들이 들어있었고, 어쩌다 한 번씩은 통닭도 한 마리 들어있었다. 할머니 집에서 우리 집까지는 차로 한 시간 반이나 걸리니까 통닭은 다 식어서 튀김옷이 눅눅해져 있었지만 그날 저녁밥은 할머니가 보내주는 통닭으로 행복했었다. 또 가끔은 할머니가 약을 팔아 번 돈도 들어있었는데, 커다란 천 원짜리, 만 원짜리 몇 장이었다. 할머니 집에 놀러 갔다가 집으로 돌아갈 저녁이 되어 인사할 때면, 할머니는 분홍색 고무신발을 신고 나와 나를 꼬옥 안아주었다. 그리고 아빠에게는 이 말도 잊지 않으셨다.

"시나브로 가..잉? 시나브로"

천천히 가라는 할머니의 안부인사였고, 안전하게 도착하고 나서 얼마 지나지 않아 또 놀러 오라는 마음인사였다. 아빠 차가 출발해서 할머니 집에서 멀어질 때 뒤를 돌아보면 약방 앞 도로에 할머니는 늘 우두커니 서 계셨다. 우리가 안 보일 때까지.

지금은 할머니가 안 보인다. 먼 곳으로 가셨으니까. 할머니는 그 먼 곳까지 시나브로 잘 가셨겠지? 할머니가 사무치게 보고 싶은 밤이다.

아빠

(나를 이룬 만남 3)

아버지는 경찰이셨다. 아버지의 직업은 가족들에게 안정감을 주기에 충분했다. 초등학교 시절 부모님을 초대한 후, 교단에서 간단히 말씀을 듣는 시간이 있었다. 내 차례가 되었을 때, 우리 아버지는 경찰제복을 입고 학교에 나타나셨다. 나는 아빠를 자랑스러워했다. 아빠는 아마도 승승장구 했던 것 같다. 명절이면, 우리 집 앞에서 과일박스를 건네 주러 오시던 분들이 기억이 난다. 출근 준비로 바쁘던 아침에 다급한 전화가 자주 울렸었다. 아빠를 찾는 전화였다. 대부분 아빠를 알고 있던 어느 분이 어디에서 사고가 났는데 어떻게 해야 하는지 아빠에게 도움을 요청하던 전화였다. 급할 때 찾는 사람이였다. 그러던 아버지는 내가 중학생일 때 경찰공무원 집단에서 나오셨다. 재판에까지 회부가 되었던 것 같다. 최종 판결은 아빠가 제복을 벗는 것. 그때 당시 엄마는 불미스러운 일로 인해 아빠가 퇴직할 수밖에 없다고 설명해주었다. 소속감이 사라진 아버지는 많이 힘겨워하셨다. 명절이 되어도 누구하나 찾아오는 사람이 없었다. 아침에 울리던 전화벨소리도 역시 고요했다. 아빠 주변에는 하나둘씩 사람들이 사라지기 시작했다. 집 안 어느 방에서 옆으로 누워있던 아버지의 뒷모습이 아직도 선명하다. 다음 걸음을 준비하지 못한 채로 맞이한 변화에 엄마도, 아빠도 어찌할 줄을 몰라했다. 당연히, 나도 누나도 할 수 있는 게 그다지 없었다. 때마침 아빠에게 사업제안이 왔다. 외삼촌은 강아지 간식 사업을 구상중이었는데, 공장을 차려서 같이 해보면 어떻겠냐며 손을 내밀었다. 아빠는 모아둔 돈과 대출을 끌어모아서 외삼촌과 사업을 시작했다. 이름은 '냠냠쩝쩝'. 처음에는 불티나게 팔렸다. 지금이야 애견 사업이 대중화되었고, 강아지들이 먹는 제품들도 워낙 다양하지만 그때 당시만 해도 강아지 간식은 희소성이 있었다. 아빠가 지나가던 강아지에게 차 트렁크를 열어서 그 '냠냠쩝쩝'을 건네곤 했던 게 기억이 난다. 엄마도 아빠의 든든한 지원군이었다. 아빠는 엄마가 해주던 밥을 너무도 좋아했다. 엄마는 점심때 맞추어 아빠도시락을 한 보따리 싸서는 공장으로 가는 게 새로운 일상이었다. 다만, 엄마의 그 새로운 일상은 얼마 지나지 않아서 멈춰버렸다. '냠냠쩝쩝'에 곰팡이가 발견되었고, 정확히 기억이 나지는 않지만 급작스러운 고객들의 환불요청과 남아있는 재고 거기에 수습이 어려운 공장상황들이 더해져 아빠는 회생이 불가능했다. 우리는 빚더미에 떠앉았다. 평생을 공직에 있었던 사람이 사업을 하려니 쉽지 않을 게 당연하기도 했다. 우리 가족이 지나야 했던 어두운 터널의 시작점이기도 했다. 나는 한 살씩 나이가 들었고 아빠에 대한 분노도 함께 쌓았다. 이 상황을 해결하지 못하는 아빠가 미웠다. 엄마를 보호해주지 못하는 것만 같았다. 아빠가 경찰 제복은 벗었지만 그 제복의 뻣뻣함과 제복에 담겼던 우러러보는 시선들, 아빠의 자존심까지는 벗지 못한 것 같았다. 답답했다. 우리는 여러 번 이사를 다녔고, 타고 다니던 차도 팔았다. 집에 빨간 딱지가 붙는 건 당연했고, 어느 날에는 돈을 빌렸던 아저씨가 우리 집에 찾아오기도 했다. 고등학생이던 나는, 무어라도 도움이 되어볼까 하교 후에 처음 만난 그 아저씨에게 마실 거라도 드렸는지 괜히 물어봤었다. 아빠는 깎이고 깎였다. 든든한 지원군이었던 엄마도 답답한 상황에 지쳐갔고, 평생 남에게 피해끼치는 걸 극도로 싫어하는 성격이고, 싫은 소리 한번 못하는 성격인데, 다른 사람들에게 돈을 빌리기 시작했다. 당장 막지 않으면 안될 것 같으니까. 독촉장이 오면 심장이 떨렸을테니까. 지금 떠올려보면 엄마는 다음날 아침이 오는 게 참 무서웠을 것 같다. 막막한 하루가 또 시작되는 삶이었다. 그래도 엄마는 아빠를 놓지는 않았다. 그렇게 하나님께서는 긴 시간 우리 가정을, 아빠의 마음을 만지셨다. 아버지는 다른 사람의 평판으로 스스로를 정의하던 것에서 천천히 자유로워지셨다. 아빠는 집에 있는 시간보다 밖에 있는 시간을 조금씩 늘려갔다. 언젠가 한번은 내게 이런 말을 했다.

"누가 아빠한테 알려주더라. 주변에 사람들이 다 떠나고, 답답한 상황일 때 산에 오르라더라."

그때의 아빠는 길고 긴 터널을 나름의 방법들로 지나가고 있었고, 지금에 와서야 아빠의 걸음들을 이해할 수 있었다. 하나님께서 이 시간을 주관하셨다는 것의 증거는 명확했다. 우리는 한번도 굶지 않았다. 어찌보면 때마다 시마다 잘 챙겨먹었다. 한번은 정말 쌀도, 라면도 다 떨어져서 그날의 저녁을 어떻게 해결할 까 전전긍긍하던 날이 있었다. 그 때 중학교

때 내가 쓰던 수첩을 우연히 들쳐본 건 주님의 은혜였다. 수첩 안에는 짧은 메모와 함께 만원짜리 한 장이 껴 있었다.

'나중에 언젠가 필요할 때 이걸 써야지!'

우리는 보물을 발견한 것 마냥 환호성을 질렀다. 그야말로 만원의 행복. 돌이켜보면, 그때 아빠가 제복을 벗지 않았더라면 아빠의 제복은 더욱 빳빳했었을 것 같다. 제복의 목 주름도 더욱이 날카로웠을 것이고, 그 날카로움은 아버지도, 남에게도 상처를 줬을 수도 있다. 외삼촌과의 사업이 쫄딱 망한 것도, 망하지 않았더라면 아빠 혼자 산에 오를 일도 없었을 것이다. 하나님을 더욱 찾지 않았을 수도 있다. 긴 터널을 지나와서일까 아빠는 어느새 넉넉해져 있었다. 같은 또래의 아버지 친구들이 정년 후, 막막해 할 때 아빠는 번듯한 직장생활을 하고 있었고, 아빠의 전화벨은 다시금 울렸다. 아빠의 도움을 찾는 전화였다. 어떻게 하면 정년 후에 아빠와 같은 직장을 다닐 수 있는지 조언을 해주었다. 엄마는 다시 아빠의 도시락을 싸고 있다. 아빠가 교대근무하며 끼니를 거르지 않고 챙겨먹을 수 있도록, 집밥을 좋아하는 그가 집에 올 수 없지만 직장에서도 집 반찬을 먹고 힘낼 수 있도록 열심히도 싸고 있다. 나도 어느덧 아빠가 되어 나의 아버지를 조금 더 이해할 수 있게 되었다. 밉기만 했던 그때의 아빠를 떠올리며 이해할 수 없었던 아빠의 모습 속에서 그만의 방식으로 어떻게든 가정을 지켜냈던 걸 깨달아 가고 있다. 감사합니다.

제6장

아빠보다 더 큰 마음

(나중에 들려줄 이야기)

"아빠가 만났던 커다란 마음을 소개해볼까 해.
너희들의 마음이 지쳐서 무엇으로도 채울 수 없을 때,
아빠가 소개해준 마음에 기대보면 어떨까."

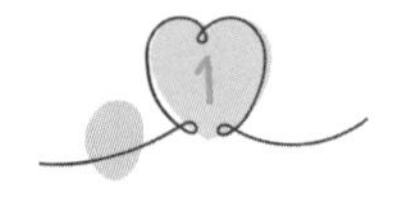

한나

옛날에 엘가나라고 하는 사람이 있었어. 그에게는 두 아내가 있었는데, 한 사람의 이름은 브닌나, 또 한 사람의 이름은 한나였어. 엘가나는 매년 제사를 드리고 난 다음에 나오는 제물들을 두 아내에게 나누어주었는데, 한나를 더 사랑했던 건지 그녀에게는 브닌나보다 두 배나 많은 양을 주었데. 남편이 자기보다 한나를 더 사랑하는 것 같아 질투가 났던 걸까, 브닌나는 자식이 없던 한나의 마음을 심히 괴롭게 했어. 한나가 자신의 아이를 낳아 기르고 싶은 마음이 크면 클수록 자기를 괴롭히는 브닌나의 말들이 얼마나 큰 상처로 다가왔을까. 그런데 자기를 괴롭히는 브닌나에 대한 한나의 반응이 참으로 놀랍더라. 한나는 침묵했어. 한나는 자기가 브닌나보다 두 배나 많은 양의 제물을 받았다고, 자식은 없지만 그보다 남편의 더 큰 사랑을 받고 있다고 브닌나에게 자랑하지 않았어. 그녀에게는 제물이 중요하지 않았으니까. 또 남편에게 달려가 자기가 받은 말의 상처들을 전달하지도 않았다. 그로 인해 남편의 마음이 아프게 되는 건 원하지 않았으니까.

"그가 여호와 앞에 오래 기도하는 동안에…"

한나는 매년 자기가 늘 걷던 길, 자기가 늘 가던 자리로 가서 기도하는 여인이었단다. 그것도 아주 오랫동안. 한나는 긴 호흡으로 무엇을 말하고, 무엇을 기도했을까. 자기도 10달 동안 뱃속 아이와 교감하면서 아이에게 세상을 구경시켜 주고, 세상의 수많은 소리들을 들려주고 싶다고, 세상을 수놓는 아름다운 색깔들도 말해주고 싶다고 기도했겠지. 어느 날에는 자기에게 만일 아이가 생긴다면, 그 아이에게 기도하러 걷던 길가에 피어있던 꽃들의 이름을 말해주고 싶다고 기도했을 것이고, 또 어떤 날에는 며칠 전에 들었던 동네에 재미난 일들을 아이에게 들려주고 싶다고 기도했을 거야. 또 어떤 날에는 아이가 입을 옷을 지어주고 싶다고 기도했을 것이고, 또 어느 날에는 아이와 함께 가고 싶은 여행지들을 하나씩 하나씩 떠올리며 기도했을 거야. 한나가 아이에게 해주고픈 일들이 하나씩 늘어날수록 그녀의 기도는 그렇게 길어졌을거야.

"한나가 속으로 말하매 입술만 움직이고 음성은 들리지 아니하므로.."

한나는 속으로 기도했어. 마음이 고통스러운 날에도, 누군가의 비난으로 인해 마음이 찢어지게 아픈 날에도 그녀는 속으로만 기도했어. 왜 속으로 기도했을까? 속으로 삼키고 삼키며 기도하던 한나의 마음은 무엇이었을까. 한나는 자기의 기도소리가 누군가에게 들리지 않기를 바랐나 봐. 침묵의 힘을 알았던 한나는 세상의 파다한 선명한 소리들에 자기의 기도소리를 끼워놓고 싶지 않았었나봐. 선명한 그 소리들은 때론 누군가와 누군가를 갈라놓기도 하기 때문에. 제사장이었던 엘리는 속으로만 기도하는 한나를 보고 그녀가 술에 취해 주정 부리는 줄로 알았고, 그런 그녀를 나무라고 말았어. 한나는 엘리에게 자기를 마음이 슬픈 여자로 표현하며 포도주나 독주를 마신 것이 아니라 자기의 심정을 토로하는 것이라고 차분하게 대답했어. 자기를 나무라는 이에게 한나의 대응이 참 대단하지? 그런 한나에게 엘리는

"네가 기도하여 구한 것을 허락하시기를 원하노라."

라며 축복해 주었어.

“가서 먹고 얼굴에 다시는 근심 빛이 없더라.”

엘리의 축복 이후에 한나의 마음과 얼굴빛은 완전히 달라졌어. 한나는 통 입에 대지 않았던 음식을 먹기 시작했고, 근심이 가득했던 얼굴빛도 슬픈 기색이 하나 없는 얼굴로 변했단다. 한나에게 아이가 생겨서 변화가 시작된 게 아니야. 언젠가 자기에게 아이를 허락하실 거라는 믿음이 생겨난 것일까. 한나에게는 엘리 제사장의 축복의 말 속에서도 그분의 음성과 그분의 마음을 읽을 수 있었던 실력이 있었던 게 아닐까.

"그들이 아침에 일찍이 일어나 여호와 앞에 경배하고 돌아가."

모두가 잠들어 있는 새벽 이른 시간에, 세상의 모든 소리가 잠잠해지고 세상을 움직이던 것들이 멈춰 있는 그 시간에 두 사람은 함께 나란히 서서 기도하고 여호와를 경배했어. 두 사람은 서로의 손을 꼭 잡고 언젠가 이루실 그 약속을 기대하며 감사의 기도를 드렸나 봐. 그런 그녀에게 드디어 아이가 생겼어. 한나가 그토록 기다리던 아이, 10달 동안 품고 어디에든 함께 다닐 수 있는 아이가 생긴거야. 그리고 그녀는 아이를 구하기 위해 드렸던 자기의 기도를 떠올렸고, 마음의 결심을 내렸어.

"아이를 젖 떼거든 내가 그를 데리고 가서 여호와 앞에 뵙게 하고 거기에 영원히 있게 하리이다 하니"

한나는 자기의 결심을 남편 엘가나에게 용기 내 말했어. 그건 아이가 젖을 떼면 영원히 그곳에 있게 하겠다는 것이었어. 청천벽력과 같은 그녀의 고백에 엘가나는 그녀의 선택을 담담히 존중해 주었어. 엘가나는 그토록 기다리던 아이를 영원히 그곳에 있게 하겠다는 아내의 고백 뒤에, 그녀가 그동안 드려왔던 기도를 보았고, 그녀가 매년 기도하며 보내온 숱한 시간을 봤던 거겠지. 아내를 향한 엘가나의 깊은 신뢰가 있었기에 가능했던 일일거야.

붙잡힌 여인

여인은 또다시 깊은 어둠으로 침전되고 말았어. 채울 수 없는 욕망의 덩어리에 자신을 내맡긴 여인은 아무도 볼 수 없는 어두컴컴한 욕망의 끝에 서있었어. 여인은 감출 수 없는 밝은 빛 앞에 서게 된거야. 성전 한가운데 모두가 보는 앞에서 죄인으로 서게 된 여인은 이제야 자신이 끌고 온 죄의 굴레를 끊을 수 있다는 마음에 오히려 담담했을까. 자신을 바라보는 경멸의 시선들과 돌로 쳐서 죽여야 한다는 말들 그리고 사람들의 수군거림이 여인을 둘러싸고 있었어.

"예수께서 몸을 굽히사 손가락으로 땅에 쓰시니…"

숱한 선인과 한 명의 악인으로 나뉜 그 성전에서 예수가 걸음을 옮겼고, 곧 여인 곁에 섰어. 그는 사람들의 시선을 여인과 나누어 짊어지기 시작했어. 그가 여인 곁에 서자 사람들의 수군거림은 점점 사라지기 시작했고, 무거운 침묵만이 그곳에 가득했어. 예수는 손가락으로 조용히 바닥에 무언가를 쓰기 시작했어. 한껏 올라와 있는 사람들의 흥분을 잠시 가라앉히기 위함이었을까? 더러운 죄를 지은 자신 곁에 누군가가 함께 서있다는 것만으로 여인은 자신을 가둔 욕망의 그늘이 서서히 걷히는 느낌이 들었어.

"너희 중에 죄 없는 자가 먼저 돌로 치라..."

날카로운 돌을 들고 언제라도 율법의 조항을 성실히 수행하려던 사람들은 예수가 던진 이 말 앞에 선뜻 움직일 수가 없었어. 여인에게 먼저 돌을 던질 죄 없는 누군가가 그들 중에는 없었기 때문일거야. 예수의 이 말은 사람들의 마음 한구석을 깊이 찔렀어. 날카로운 돌, 누군가를 쳐 죽일 수 있지만 그로 인해 돌을 쥔 사람들 손에도 피가 나게 할 수 있는 율법의 돌을 내려놓게 만들었어. 율법은 누군가를 정죄할 수 있지만, 누구도 살릴 수는 없다는 걸 알려주는 것 같았어. 예수에게는 붙잡힌 여인도 붙잡아둔 사람들도 모두 생명이 필요한 이들이었던 거야.

"그들이 이 말씀을 듣고 양심에 가책을 느껴 어른으로 시작하여 젊은이까지 하나씩 하나씩 나가고 오직 예수와 그 가운데 섰는 여자만 남았더라..."

죄 있는 자들이 모두 떠난 성전 한가운데에 여인과 예수 둘만 서있었어. 여인은 자신이 저지른 더러운 죄가 해결된 것인지, 율법의 조항에서 자유로워진 것인지 알 수 없었어. 이제 다시는 자기를 괴롭혀온 어둠의 굴레를 벗어나 새로운 삶을 살 수 있는지도 확신할 수 없었어.

"나도 너를 정죄하지 아니하노니 가서 다시는 죄를 범하지 말라..."

여인은 다시는 죄를 범하지 말라는 그의 말이 율법적으로 들리지 않았어. 한 번만 더 죄를 짓게 된다면, 또 기회는 없다는 용서의 조건처럼 들리지도 않았어.

이제 더 이상 죄로 물든 삶을 살 필요가 없다는 희망의 말이었어. 더 이상 목마르지 않게 해 줄 그가 있으니 깊고 긴 공허함을 채우기 위해 어둠에 자신을 내맡기지 않아도 된다는 약속의 말씀이었고, 새로운 삶으로의 초대였단다.

'다시는 죄를 지을 필요가 없단다.'

백부장
(필요한 사람 vs 소중한 하인)

"어떤 백부장의 사랑하는 종이 병들어 죽게 되었더니…"

백부장의 하인이 쓰러졌어. 그는 다시 일어나지 못했어. 하인은 병이 주는 아픔이 너무도 괴로워 누워있을 수밖에 없었어. 그는 자신이 이 집안에 더 이상 아무런 도움이 되지 않는다고 생각했어. 하인으로서의 기능을 완전히 잃어버렸지만 백부장은 그를 절대 포기하지 않기로 했어. 백부장에게 그 하인은 '필요한 사람'이 아니라 '소중한 사람'이기 때문이었어. 백부장은 누워있는 하인을 가만히 바라보다, 그와 함께 했던 순간을 떠올렸어. 백부장은 군인이 될 때에 그리고 십부장이 되고, 백부장이 될 때에도 그 기쁨을 하인과 온전히 함께 누렸어. 뿐만 아니라 두 사람은 집안의 모든 크고 작은 일들을 함께 해왔었어. 백부장에게 하인이 없는 삶은 상상할 수가 없었던 거야. 나지막히 들리는 죄송하다는 하인의 말에 백부장은 그런 말 말라며 무슨 일이 있어도 고쳐주겠다고 그를 가만히 안심시켰어. 백부장은 백명의 병사들을 거느리고, 숱한 전장을 오가는 강인한 군인이었지만 자기 하인을 점점 죽게 만드는 중풍이라는 병 앞에서, 아무것도 해줄 수가 없었어. 그리고 그 사실이 자신을 더욱 괴롭게 만들었을거야.

"예수께서 가버나움에 들어가시니…"

어느 날, 예수가 가버나움 마을에 온다는 소문이 들렸어. 백부장도 예수의 존재를 알고 있었어. 그에게 예수는 기적을 행하는 사람, 나병을 낫게 하고, 앉은 자를 일으키기도 하며, 보지 못하는 자를 보게 만들 수 있는 사람이었어. 예수라면 하인의 병을 낫게 해 줄 수 있을 거라는 생각이 들었어. 무엇보다 백부장에게 예수는 '강한 사람'이었어. 백부장에게 예수는 말 한마디로 천하를 호령하는 로마황제보다 더 강한 사람이었을지도 모르겠어. 황제도 질병의 문제는 해결할 수는 없었으니까. 백부장은 일이 손에 잡히지 않았어. 바쁜 군대 일을 잠시 제쳐두기로 했고, 투구와 갑옷을 벗었어.

"한 백부장이 나아와 간구하여 이르되 주여 내 하인이 중풍병으로 집에 누워 몹시 괴로워하나이다."

백부장은 예수를 만나기 위해 자신이 먼저 그를 찾아가기로 했어. 그는 자신이 거느린 백명의 군사를 동원해서 예수를 자신 앞에 데려오게 하거나, 예수의 능력을 얻기 위해 자신의 권력과 지위를 사용하지 않았어. 오히려 그는 도움을 구하는, 간절한 한 사람으로 예수 앞에 섰어. 백부장은 예수를 만나자마자 그를 붙잡고 자신의 하인이 지금 아파서 너무 괴로워하고 있다고 말했어. 백부장에게는 다른 어떤 말도 필요하지 않았던거야. 마치 언제라도 예수를 만난다면 그 말을 하려고 준비했던 사람 같았어. 하인이 '몹시' 괴로워하고 있다며 애끓는 심정을 예수에게 전한거야. 백부장은 하인이 아파서 쓰러진 이후로 하인이 느꼈을 고통을 고스란히 함께 느끼고 있었고, 그의 머릿속은 어느새 하인의 병과 그걸 해결해 줄 예수만으로 가득 차 있었어.

"이르시되 내가 가서 고쳐 주리라 백부장이 대답하여 이르되 주여 내 집에 들어오심을 나는 감당하지 못하겠사오니 다만 말씀으로만 하옵소서 그러면 내 하인이 낫겠사옵나이다."

백부장은 한시라도 빨리 하인의 병을 낫게 하고 싶었어. 백부장이 예수와 만나고 있는 지금도 집에 누워서 고통을 온

몸으로 받아내고 있을 하인이 눈앞에 아른거렸어. 백부장은 강한 예수가 자신의 집에 오는 걸 감당하지 못하겠다며 겸손한 말로 자신의 생각을 표현했어. 하인의 병이 끊어지길 바라는 마음이 너무도 간절해서였을까, 백부장은 다만 예수의 말씀만으로도 하인의 병이 사라질 것이라는 고백을 했어.

"나도 남의 수하에 있는 사람이요 내 아래에도 군사가 있으니 이더라 가라 하면 가고 저더러 오라 하면 오고 내 종더러 이것을 하라 하면 하나이다."

백부장은 말씀의 능력을 사용해 달라는 자신의 부탁이 예수에게 과하게 들렸을지를 염려했던 걸까, 이때서야 자신이 하고 있는 일, 군사를 지휘하는 장교이며, 누군가의 수하이기도 하다고 설명했어. 모든 게 하인의 병을 낫게 하기 위함이었던 거야.

"가라 네 믿은 대로 될지어다 하시니 그 즉시 하인이 나으니라."

드디어 백부장이 가장 바라던 일이 이루어졌어. 그건 백부장의 '소중한 사람'이 병에서 해방되었다는 선포였어. 그 말이 진짜일지, 정말 이루어진건지 생각할 필요가 없었어. 백부장에게 있어 가장 '강한 사람'의 명령이고 선포였기에. 어쩌면 하인을 향한 간절한 마음이 예수의 선포를 신뢰하게 만들었지도 모르겠어. 분명한 건, 백부장의 마음에는 하인으로만 가득 차있었나봐.

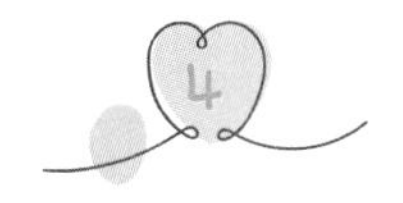

Team 보아스

룻은 시어머니를 모시고 자기가 태어나고 자란 모압땅을 떠나 베들레헴으로 왔어. 베들레헴은 시어머니가 태어나 자란 곳이었어. 시어머니 나오미는 남편과 두 아들을 잃는 비극을 겪은 사람이야. 두 사람은 이별의 아픔을 함께 지나가고 있었어. 나오미는 며느리가 슬픔을 오롯이 겪어낸 뒤에 새로운 삶을 살기를 바랐어. 그래서 자기를 떠나도 된다고 했어. 룻은 자기를 떠나도 좋다는 시어머니에게 떠나지 않겠다고, 어머니가 머무는 그곳에 자기도 언제나 함께할 거라고 호소했어. 나오미는 룻의 표정과 말에서 잠깐 일렁이는 감정에 기대서 말하는 게 아님을 알 수가 있었어.

"어머니께서 가시는 곳에 나도 머물겠나이다... 이에 그 두 사람이 베들레헴까지 갔더라."

룻에게 베들레헴이란 동네가 완전히 새로운 동네였어. 아무런 기반이 없으니 두 사람은 오늘 하루의 끼니를 해결해야 할 처지에 놓였어. 룻은 가만히 슬픔에 잠겨있을 수가 없었어. 스산했던 마음을 뒤로하고, 아무 연고도 없는 그곳에서 느껴지는 부끄럽고 낯선 마음을 가진 채 이삭을 주으러 무작정 밭으로 나갔어.

"내가 밭으로 가서 내가 누구에게 은혜를 입으면 그를 따라서 이삭을 줍겠나이다 하니..."

곧 밭에서 곡식을 베는 자가 보였어. 곡식을 베고 지나간 자리에는 이삭들이 떨어져 있었고 그 이삭을 하나둘씩 줍기 시작했어. 다행히도 그 밭은 보아스라는 사람의 밭이었고, 보아스는 시어머니 나오미의 남편 엘리멜렉의 친족이었어. 그는 때마침 바깥일을 마치고 나서 복귀하던 차였지. 그에게는 열심히 일하고 있을 자기네 일꾼들을 격려하는 게 다른 일보다 가장 먼저였나봐.

"여호와께서 너희와 함께 하시기를 원하노라 하니..."

"그들이 대답하되 여호와께서 당신에게 복 주시기를 원하나이다 하니라."

보아스가 건네는 축복에 일꾼들은 하던 일을 멈추고는 자기 주인을 반가운 듯 바라봤어. 그리고 보아스의 말이 마치자마자 일꾼들도 일제히 그에게 축복을 건넸어. Team 보아스에서는 이렇듯 서로를 격려해 주는 문화가 있었나봐. 그들은 일꾼과 주인의 관계가 아니라 서로에게 축복을 건네줄 수 있는 동료였고, 멀리 갔다가 돌아와서는 가장 먼저 찾게 되는 동무이기도 했던거야. 일꾼들은 보아스가 건네는 축복에 그의 마음이 가득 담겨있음을 알고 있었어.

"보아스가 베는 자들을 거느린 사환에게 이르되 이는 누구의 소녀냐 하니..."

그제서야 보아스는 자기 밭에서 이삭을 줍고 있는 한 낯선 여인을 보았어. 그리고 일꾼들의 리더에게 어떻게 된 일인지를 물었어. 그런데 보아스는 왜 자기 밭에서 다른 사람이 이삭을 줍고 있는지, 그리고 자신과 함께 일하는 일꾼의 리더는 왜 그걸 용인하였는지를 묻지 않았어. 그는 그 여인이 어떤 사람인지가 궁금했어. 보아스는 여인이 지금 하고 있는 일을 방해하고 싶지 않았어. 그 여인이 어떤 연유로 자기 밭에 떨어진 이삭을 줍고 있었는지 몰랐지만 여인에게 직접 질문을 던져 여인의 이삭 줍기를 멈추게 하고 싶지 않았던 거야.

"사환이 대답하여 이르되... 그의 말이 나로 베는 자를 따라 단 사이에서 이삭을 줍게 하소서 하였고 아침부터 와서는 잠시 집에서 쉰 외에 지금까지 계속하는 중이니이다."

보아스의 질문에 일꾼들의 리더는 보아스가 없는 사이에 일어났던 일을 설명했어. 그 여인이 아침부터 찾아와서는 곡식을 베는 자를 따라 단 사이에 떨어진 이삭을 줍게 해달라고 요청했던 거야. 일꾼들의 리더는 여인이 이삭을 주울 수 있도록 허락했어. 자기가 이 밭의 주인이 아니어서 쉽게 결정을 내리지 못하겠다고 말하며 여인을 돌려보내지 않았어. 더욱이 함께 곡식을 베겠다는 요청이 아니라 이삭을 주워가겠다는 부탁은 그(리더)로 하여금 난처하게 했을 수 있지만 그(리더)는 허락했어. 일꾼의 리더는 보아스가 이 자리에 있었어도 자기와 동일한 결정을 내렸을 거라고 확신했던거야. 또 자기가 내린 결정을 보아스가 존중해 줄 거란 믿음도 있었나봐. 보아스는 리더의 대답을 듣고 더는 묻지 않았어.

"보아스가 룻에게 이르되 내 딸아 들으라 이삭을 주우러 다른 밭으로 가지 말며 여기서 떠나지 말고 나의 소녀들과 함께 있으라."

보아스는 여인이 밭에서 일할 수 있도록 배려했어. 특별히 자기 팀의 여인들과 함께 일하도록 했어. 보아스 밭에서 일하는 여인들 중에 룻처럼 이해할 수 없는 일을 감당해내다 하루의 끼니 때문에 온 사람이 있었을까. 이삭을 줍기 위해 밭에 왔고 보아스의 배려를 받은 사람들이었을까. 보아스는 사정이 딱한 그 여인에게 과한 도움도 부담이 될만한 동정도 하지 않았어. 여인이 자신의 수고로 이삭을 줍는 노동을 할 수 있도록 했어. 그렇게 그 여인을 존중했던 거야. 보아스를 향한 리더의 신뢰와 보아스의 커다란 마음 그리고 룻이 가진 애틋한 마음 모두 아름답지?

"얘들아. 히브리어로 마음을 뜻하는 말은 '레브'라고 해. '레브'는 '중심'이라는 뜻도 가지고 있데. 중심. 언젠가 너희들의 마음이 이리저리 흔들릴 때, 마음이 비워진 것만 같이 느껴질 때면 너희 마음의 중심을 더 커다란 마음에 기대려 해봐. 아빠가 소개한 큰 마음들이 도움이 되었으면 좋겠다. 기대어 있다보면 너희 마음이, 중심이 어느새 채워져있을거야. 시간이 지나며 아빠가 만났던 커다란 마음과 더불어 너희들이 만날 새로운 마음도 궁금해진다. 그때마다 아빠에게 소개해주기를 바래본다."

시간이 지나며 깨닫는 건, 아이들은 어떤 법칙이나 기술(skill)로 변하지 않는 다는 것입니다. 시선을 떠올려 봅니다. 나의 시선이 아이에게 향해 있듯, 아이의 시선도 부모에게 향해있다는 것을. 엄마 아빠가 나를 위해 고민하고 있구나, 나를 위해 애쓰고 있구나라는 게 아이의 시선에 담기게 되면 그때가 변화의 시작이 아닐까 합니다.

그림책을 읽다가, 꼭 기억해두고 싶은 문장을 만났습니다. 그리스어 '메라키'라는 말과 뜻이었지요. '어떤 행동에 온 마음과 정성을 다하고 그 과정 속으로 녹아드는 것'을 의미한다고 합니다. 아이와 함께 하는 여러분의 일상 중에도 메라키의 순간이 꼭 숨어있을 거라 생각합니다. 작디 작은 아이의 손을 꼭 잡고 걸을 때, 안아달라며 양팔을 들어 올리는 아이를 힘껏 안아줄 때, 거꾸로 신은 신발을 다시 신겨 줄 때, 아이와 함께 과자를 나누어 먹을 때, 아이가 보낸 하루 이야기를 들어줄 때, 머리를 감겨주고, 이를 닦아주고, 새 잠옷을 입혀줄 때, 노곤한 하루를 마무리하며 잠들어가는 아이 가슴에 가만히 손을 얹을 때. 모두 메라키의 순간입니다. 알 듯 모르듯 우리는 모두 진심을 다했기 때문입니다.